KB173554

수학 독습법

수학 독습법

도미시마 유스케 지음 | 유나현 옮김

 지^{Jisangsa}상사

《SUGAKU DOKUSHUHO》
© Yusuke Tomishima 2021
All rights reserved.
Original Japanese edition published by KODANSHA LTD.
Korean translation rights arranged with KODANSHA LTD.
through EntersKorea Co., Ltd.

들어가며

문과 출신 사업가에게 수학이란

신종 코로나바이러스 감염증이 전 세계로 퍼진 이후 많은 국가에서 외출을 제한하는 등 엄격한 조치가 이루어졌다. 2020년 4월 7일에 전국에서 긴급사태를 선언한 이래로 외출 자제와 음식점 등의 휴업 및 영업시간 단축에 관한 지침이 내려졌고, 이는 국민 생활에 막대한 영향을 끼쳤다.

감염이 확산하기 시작한 시점의 뉴스 보도를 되짚어 보면 '지수함수'나 '재생산 수'같이 평소에 자주 들어보지 못한 단어가 종종 눈에 띈다. 이런 단어들이 쓰인 배경에는 감염 확산세를 예측하기 위한 수식과 이를 바탕으로 대책을 세우는 전문가 집단이 존재한다.

감염이 얼마나 빠르게 확산할 것인가? 어느 수준까지 접촉을 제한해야 감염되지 않는가? 이에 대한 답은 모두 수식을 통해 도출할 수 있다. 전염병 대응의 기본은 손 씻기와 마스크 착용이지만, 알다시피 코로나-19는 그런 통상적인 대책만으로 충분하지 않았다. 따라서 외출 제한이나 영업 제한 같은 대책이 필요한 상황이었는데, 이들은 경제에 타격을 입힌다는 치명적인 부작용이 있어서 정치가가 감으로 결정할 문제가 아니었다. 수식이 등장한 것은 바로 이 때문이다. 수식을 통해 접촉을 몇 퍼센트 줄여야 효과가 나타나는지 알아내서 국민에게 지시를 내린 것이다. 제1장에서 소개할 감염 확산을 예측하는 수식은 아주 단순하다. 고작 몇 개의 간단한 수식이 전 국민의 앞날을 좌우한 것이다.

코로나−19에만 국한된 이야기가 아니라 현대 사회의 곳곳에는 이처럼 수학이 침투해 있다. 50층 이상의 고층 빌딩을 짓거나, 300t이 넘는 제트기를 띄우거나, 인간을 달에 보내기 위해서는 치밀한 계산이 필요하다. 건설, 제조, 항공, 우주 같은 산업뿐만 아니라 보통 문과의 영역으로 여겨지는 비즈니스 세계에서도 숫자에 능한 사람이 활약하고 있다.

일본 유니버설 스튜디오를 다시 일으킨 모리오카 츠요시의 베스트셀러 《확률 사고 전략론 — USJ로 증명한 수학 마케팅의 힘》에는 놀이기구의 수요를 수학적으로 예측하여 유니버설 스튜디오를 V자 회복으로 이끈 이야기가 실려 있다. 책의 마지막 부분에는 실제로 수요를 예측하는 데 사용한 여러 가지 수식이 나온다. 놀이공원이라고 하면 보통 수학과는 무관하다고 생각하기 쉽지만, 그 성공의 이면에는 수학에 기초한 치밀한 경영 전략이 있었다.

비즈니스 세계에서도 이제 수학이 필수가 되었다. 문과 출신이라서, 수학에 자신이 없어서 회피해 왔던 사람도 이제 예전으로는 돌아갈 수 없다.

필요한 것은 큰 틀의 이해

이제 수학에 대한 기초적인 이해는 반드시 갖춰야 하는 일반 상식이 되었다. 수학에 대한 이해 없이는 현대 사회를 이해할 수 없다. 이렇게 말하면 학창 시절 수학 때문에 고통받은 기억이 떠올라서 도망치고 싶어질지도 모르지만, 전혀 걱정할 필요 없다.

비즈니스에서 요구하는 것은 복잡한 방정식을 푸는 능력이 아니다. 우리에게 필요한 것은 **큰 틀의 이해**다. 원래 세상을 이해하는 데 필요한 교양이나 일반 상식이란, 어떤 분야에 관한 **대략적인 이해**를 가리킨다. 문학이나 정치학 전공자가 아니어도 유명 작가의 작품이나 역대 대통령의 업적 정도는 안다. 예절 강사가 아니더라도 대부분 최소한의 예절은 숙지하고 있다. 수학도 이러한 일반 상식과 마찬가지다. 방정식을 풀거나 수리 모델을 만드는 일은 전문가에게 맡기면 그만이다. 그러나 수학의 큰 틀과 사고방식조차 모르는 채로 있으면 시대에 뒤처질 수밖에 없다. 그러다가 비즈니스에서 중요한 기회를 놓칠지도 모른다.

이렇게 말해도 구체적으로 어떤 분야에서, 어떤 식으로 수학이 요구된다는 건지 크게 와닿지 않을 수도 있다. 그래서 이 책에서는 **다가올 시대에 요긴한, 배워 두면 도움이 되는 수학**에 초점을 맞춰 해설하려고 한다. 수학이 무엇인지, 어떻게 접근해야 하는지, 어디에 도움이 되는지 알려 주는 '**수학의 조감도**'를 머릿속에 심는 것이 이 책의 목표다.

수학의 조감도를 머리에 심어 두면 많은 이점이 있다. 먼저 AI, 머신러닝, 자율주행 같은 최신 이슈를 이해하는 데 도움이 된다. 어린이가 수학 같은 걸 배워서 어디에 쓰냐고 물어도 당황하지 않고 대답할 수 있다. 상사에게 새로운 사업을 제안하거나 업계 상황을 분석할 때, AI나 머신러닝을 업무에 응용하고 싶을 때도 수학의 큰 틀을 알면 생각의 폭이 한층 넓어진다. '수학적=이과적 사고'의 중요성은 앞으로 더더욱 커질 것으로 보인다.

수학적 사고를 설치하라

'수학적=이과적 사고'의 핵심은 **쓸데없는 것을 버리고 본질에 초점을 맞추는** '**심플 이즈 더 베스트(Simple is the best)**'라고 할 수 있다. 이러한 발상은 상당히 비즈니스적이다. 어떻게 보면 **전략 컨설턴트의 사고법과 비슷**해 보이기도 한다. 그렇지만 학교에서는 이런 것을 가르쳐 주지 않기 때문에 수학을 막연하고 추상적인 학문으로 오해하는 사람이 많다.

게다가 중학교나 고등학교 수업에서는 '공식을 외워서 문제를 정확하게 푸는 것'을 가장 중시한다. 그 결과 수학의 큰 틀조차 모른 채 어디에 쓰는지도 모르는 공식만 달달 외우게 된다. 이 과정에서 끝끝내 이해하지 못하고 그만 포기해 버리는 것이다. 지금 공부하는 부분이 수학이라는 거대한 지식의 체계 안에서 어디쯤 위치하는지, 그것이 어디에 도움이 되는지 알았더라면 포기하지 않았을지도 모르는데 말이다.

만약 당신의 자녀가 "수학 같은 걸 배워서 어디다 써?" 하고 묻는다면, 대답은 조용히 이 책을 책상 위에 올려놓는 것으로 충분하다. 분명 며칠만 지나면 수학을 좋아하는 학생이 되어 있을 것이다.

다행히 어른이 되어서까지 공식을 달달 외우거나 시험에 쫓길 일은 없다. 나는 아직도 가끔 기말시험에 쫓기는 악몽을 꾸지만 실제로 그런 일은 일어나지 않으니까 말이다. 암기와 시험 부담에서 벗어나 수학을 멀찍이서 바라보면 큰 틀이 눈에 들어올 것이다. 이 책을 한마디로 정의하면, 읽기만 해도 이과적 사고가 머리에 심어지는 '**미래를 살아가기 위한 수학의 겨냥도**'라고 할 수 있다. 당신의 두뇌에 문과적 사고 소프트웨어는 이미 설치되어 있을 것이다. 이 책을 읽으면 이과적 사고 소프트웨어도 추가로 설치할 수 있다. 그러면 두 소프트웨어의 상승효과로 인해 세계관이 넓어지고 새로운 아이디어가 떠오를 것이다.

머릿속에 있는 수학적 아이디어의 서랍이 확장되면 새로운 사업을 시작하거나 기존 사업의 효율성을 높이고자 할 때 '이런 수학 지식을 활용하면 어떨까?' 하는 아이디어가 떠오른다. 그리고 이과 출신 직원에게 조언을 구하거나 전문 지식을 가진 IT 기업에 연락을 취해서 그것을 구체화할 수 있다. 일이란 서로 협력하면서 하는 것이므로 세세한 계산까지 전부 스스로 할 필요는 없다. 게다가 인간이 감당할 수 없는 복잡한 계산은 컴퓨터가 알아서 해 준다. 중요한 것은 아이디어의 서랍을 늘려서 기발한 생각이 떠오를 가능성을 높이는 것이다. 또 업무 개선이나 실적 향상을 위해 AI나 빅데이터 분석을 도입하는 기업이 늘고 있으므로 그런 쪽도 고려해 볼 수 있다. 수학을 비즈니스에 응용한 여러 사례가 머릿속에 들어 있으면 발상의 다양한 변주가 가능해진다.

―――――――――――――:::::::―――――――――――――

구체적인 이야기로 들어가기 전에 수학의 큰 틀을 간략하게 설명하려고 한다. 수학은 접근 방식에 따라 몇 가지 분야로 나뉘는데, 그중에서도 가장 중요하다고 할 수 있는 것이 **대수학, 기하학, 미적분학, 통계학**이다. 이 4가지는 각기 다른 방법으로 문제에 접근하여 해결로 이끄는 든든한 존재다.

모르는 것을 알게 하는 대수학

지금부터 각 분야를 간략하게 소개하겠다. 대수학이란 숫자를 문자로 치환하여 계산하는 것으로, 고대 바빌로니아와 그리스에서 창안된 이후 유럽으로 건너가 발전했다. 예를 들어 회사의 매출이익률(이익을 매출액으로 나눈 것. 경영의 효율을 나타내는 지표)이 미지의 숫자일 때 그것을 'x'라는 문자로 치환하여 계산식을 만드는 것이다. 대수학의 '대(代)'는 미지수 '대신' 문자를 사용한다는 의미다. 이 방법을 사용하면 아직 밝혀지지 않은 데이터도 x 같은 문자로 치환함으로써 명확하게 사고에 포함하여 논리를 구축할 수 있다. 즉, 대수학은 모르는 것을 알기 위한 수학이다.

대수학에 관해서는 **제2장**에서 설명한다.

형태와 숫자를 연결하는 기하학

기하학은 형태의 수학이다. 기하학을 영어로는 지오메트리(geometry)라고 하는데, 이 단어는 원래 '토지 측량'을 뜻하는 말이었다. 이는 고대 이집트에서 여러 가지 형태의 토지 면적을 측정해야 하는 상황이 발생하면서 형태를 다루는 기하학이 발전했다는 역사가 있기 때문이다. 토지 면적을 구하기 위한 실천적인 계산 기술이 학문으로 승화한 것이다. 참고로 '기하'라는 단어는 원래 '얼마'라는 뜻을 지니고 있다. 따라서 기하학이라는 용어도 토지의 넓이가 얼마인지 계산하다가 생겨난 기하학의 유래와 연관이 있다.

기하학에는 형태와 숫자를 연결 짓는 기능이 있다. 가령 평행사변형인 토지가 있다고 하면, 거기서 토지 면적이라는 숫자를 도출하는 것이 기하학이다. 현대 비즈니스 현장에서는 매일같이 수치를 그림이나 그래프로 형상화하는 작업을 하는데, 이는 컴퓨터의 정보 처리 과정과 비슷하다. 기하학을 구사하여 수치 데이터를 형상화함으로써 고도의 정보 처리를 실현하는 것이다. 형태와 컴퓨터는 언뜻 생각하기에 아무런 관련도 없어 보이지만 실은 긴밀하게 연결되어 있다.

기하학에 관해서는 **제3장**에서 설명한다.

변화를 분석하는 미적분학

미적분학이란 사물이나 현상의 변화를 분석하기 위한 수학이다. 원래는 유럽에서 물체의 운동을 연구하기 위해 창안되었다. 예를 들어 쇠 구슬을 비스듬하게 위로 던지면 처음에는 빠르게 상승 곡선을 그리며 날아가지만, 점점 속도가 떨어지면서 공중에 멈추고 결국 방향을 꺾어 땅에 떨어진다. 이렇게 시시각각 위치와 속도가 변화하는 상황에서 이동 거리를 정확히 계산하는 방법을 연구하면서 미적분학이 발전했다. 이때 해결의 실마리가 된 것이 '순간 포착'이라는 발상이다.

속도가 변화하지 않으면 초등학교에서 배우는 '속도×시간=거리' 공식을 쓸 수 있다. 앞 글자를 따서 '속·시·거 공식'이라고 외운 사람도 많을 것이다. 그러나 이 공식은 물체의 속도가 시시각각 바뀔 때는 쓸 수 없다. 그래서 속·시·거 공식을 어떤 상황에도 쓸 수 있도록 찰나의 순간(예를 들어 0.1초간)을 따로 떼어 내서 생각하는 것이다. 이 정도로 짧은 순간이라면 속도가 일정하다고 봐도 무방하다. 그렇게 하면 속도×시간(여기서는 0.1초)=거리 공식으로 이동 거리를 계산할 수 있다. 이렇게 이동 시간 전체를 아주 짧은 순간들로 분해하면 속·시·거 공식을 사용할 수 있다. 그리고 그 순간순간의 이동 거리를 모두 더하면 전체 이동 거리를 구할 수 있다.

복잡한 변화를 그것이 단순해질 때까지 잘게 잘라서 계산한 뒤 합쳐서 원래대로 돌려놓는다. 운동을 연구하는 과정에서 탄생한 이 계산 방법은 미적분학이라는 학문으로 발전했다. 미적분학은 '미분과 적분의 학문'이다. 미분이란 대상을 미세한 수준으로 분해함으로써 단순화하는 계산 기술이다. 쇠 구슬의 예로 말하자면 찰나의 순간으로 분해해서 계산하는 것이다. 그 반대로 적분이란 분해하여 계산한 결과를 쌓아 올려서 원래대로 되돌리는 계산 기술이다. 운동의 연구 과정에서 탄생한 미적분학은 물체의 운동뿐만 아니라 변화하는 모든 현상을 수학적으로 다루는 방법으로서 비즈니스를 포함한 다양한 분야에서 폭넓게 응용되고 있다.

미적분학에 관해서는 **제4장**에서 설명한다.

통계학은 거시적인 시각으로 경향을 파악한다

통계학이란 어떤 현상의 전체적인 경향을 파악하기 위한 수학이다. 지금 시대는 바야흐로 데이터의 시대다. 소비자의 구매 데이터 같은 방대한 정보를 어떻게 활용하느냐가 기업 실적을 좌우하는 세상이 되었다. 이런 시대에 필요한 것은, 본질에서 벗어난 정보를 과감하게 버리고 데이터가 어떤 메시지를 전하고자 하는지 파악하는 능력이다. 수중에 10만 건의 구매 데이터가 있다고 할 때, 마냥 바라보고만 있으면 정보량이 너무 많아서 경영 판단으로 이어지기 어렵다. 이때 데이터로부터 나이별 구매 수량을 집계하여 통계학적으로 분석하면 '이 상품은 나이가 5세 증가할 때마다 1인당 연간 구매 수량이 10개씩 늘어나는 비례 관계가 있다' 따위의 정보를 얻을 수 있다. 이 정보는 청년층이 많은 지역에서 상품 진열 면적을 10% 줄이고, 중장년층이 많은 지역에서 10% 늘리면 매출을 ○○% 개선할 수 있다는 분석으로 이어진다.

이처럼 방대한 데이터를 활용하려면 정보를 압축해서 전체적인 경향을 파악하는 것이 중요하다. 이를 위한 수학적인 방법론을 제공하는 것이 통계학이다. 통계학은 영어로 스터티

스틱스(statistics)라고 하는데, 원래는 국가 정세를 분석하는 학문을 의미했다. 집단 규모가 국가 정도 되면 구성원 한 명 한 명의 상황을 빠짐없이 파악하기란 불가능하다. 따라서 인구나 산업에 관한 데이터를 모아 분석함으로써 전체적인 경향을 파악하여 다수의 국민에게 이로운 정책을 시행한다. 이때 사용하던 계산 기술이 국가 정세를 넘어 다양한 데이터를 취급하는 학문으로 발전하여 현재의 통계학이 되었다. 즉, 통계학은 거시적인 시각으로 전체를 파악하기 위한 수학이다.

통계학에 관해서는 **제5장**에서 설명한다.

수학의 사대천왕

지금까지 수학의 바탕이 되는 4가지 분야를 간략하게 알아보았다. 이 네 분야는 수학이라는 학문의 진수이자 이른바 사대천왕이므로 이 책에서는 이들을 **'수학 사대천왕'**이라 칭한다 (혹시 몰라서 말하지만 정식 용어는 아니다).

최신 비즈니스 이슈를 살펴보면 수학과 관련된 것이 많다. AI, 머신러닝, 빅데이터 분석은 통계학과 기하학을 구사하여 데이터를 처리하고, 자율주행은 통계학의 응용이며, 로켓의 추진 원리나 드론의 자세 제어는 미적분학을 기초로 한다. 출퇴근 전철에서 스마트폰으로 듣는 음악도 기하학의 범주에 속하는 삼각함수를 이용하여 데이터 처리가 이루어진다. 지금까지 별생각 없이 흘려들었던 주제도 수학 사대천왕을 알고 나면 더 깊이 이해할 수 있을 것이다.

이 책의 구성을 소개하자면, 먼저 제1장에서는 수학의 큰 틀을 알아본다. 수학의 4대 분야 '수학 사대천왕'을 소개하고 각 분야가 어떤 발상으로 문제에 접근하는지 문과적 사고와 비교하면서 해설한다. 제2장부터 제5장에서는 각 분야의 핵심적인 내용을 설명한 다음 어떻게 활용하는지 알아본다.

이 책의 사용법

이 책은 제1장부터 제5장까지 순서대로 읽는 것이 가장 좋지만, 바쁜 현대인으로서 처음부터 끝까지 읽기는 힘들 수도 있다. 그럴 때는 우선 제2장까지 읽고 그다음부터는 궁금한 분야만 골라 읽어도 좋다. 왜냐하면 제1~2장에는 뒤에 나올 제3~5장의 내용을 이해하는 데 필요한 발상이 설명되어 있기 때문이다. 제3장, 제4장, 제5장의 내용은 거의 독립적이므로 관심 있는 부분만 읽어도 상관없다. 여러 장을 읽을 시간조차 없는 사람은 제1장만 읽어도 수학의 큰 틀을 이해할 수 있다. 다만, 수학의 큰 틀을 제대로 알고 사대천왕 전원과 친해지고 싶은 사람에게는 처음부터 끝까지 순서대로 읽기를 권한다.

이 책은 어려운 수학을 멀찍이서 내려다보게 함으로써 **수학**

적 사고의 정수를 거부감 없이 전달한다. 이를 위해 다음과 같은 점에 특히 유의했다.

① 중요한 전문용어는 알기 쉽게 해설하고

② 어려운 수식이나 공식, 계산은 철저하게 줄이고

③ 각 분야의 배경에 있는 필요성과 활용 방법을 설명한다.

각 장을 읽고 나면 수학이 현대 문명에 구석구석 스며들어 사회를 지탱하고 있다는 사실을 깨닫게 될 것이다.

나는 대학교와 대학원에서 물리학을 전공하고 대학원 시절에는 유럽원자핵공동연구소(CERN)에서 소립자물리학의 수리적 해석을 담당했다. 현재는 금융 시장을 정량적으로 분석하는 퀀트로서 일하고 있다.

수학을 무기로 비즈니스 경력을 쌓아 온 사람으로서 그 유용함을 누구보다도 잘 안다. 여러분이 이 책을 계기로 수학과 친해져서 비즈니스에 응용할 수 있게 된다면 그보다 더 큰 행복은 없을 것이다.

차례

제1장

다가올 시대에 필수적인
수학 사대천왕

문과적 사고와 이과적 사고는 한 끗 차이

수학의 큰 틀을 이해하기 위해 미리 알아 둬야 하는 것이 있다. 그것은 바로 '**수학적 발상은 문과적 발상과 한 끗 차이**'라는 **점이다.** '**비즈니스적 발상과 한 끗 차이**'라고도 할 수 있다. 지금까지 살면서 골치 아픈 문제에 직면한 경험을 떠올려 보라. 학생이라면 동아리나 아르바이트 장소에서 있었던 일도 좋다. 문제를 파악하고 정리하여 해결하기 위해 두뇌에 땀이 날 정도로 머리를 짜냈을 것이다. 제한된 정보에서 가설(임시 답안)을 도출한다거나, 표나 그림으로 정보를 정리한다거나, 복잡한 문제를 단순하게 분해하여 논의가 쉽게 진행되도록 한다거나. 지엽적인 부분에서 눈을 돌려 전체를 봤더니 새로운 사실을 발견한 경험도 있을 것이다. 수학의 근본에도 이런 문과적, 비즈니스적 발상과 똑같은 발상이 존재한다. 단지 수학에서는 **말 대신 수식으로 사고를 이어 나간다는 점**이 다를 뿐이다.

수학 사대천왕과 문과적 발상이 구체적으로 어떻게 대응하는지 살펴보자. 수학의 4대 분야는 복잡한 인간 사회나 자연계를 이해하기 위해 각각 **그림 1-1**과 같은 접근법을 취한다.

그림 1-1을 머리에 집어넣는 것이 제1장의 목표다. 수학의 4대 분야는 제각기 독립적으로 작용하는 것이 아니라 서로 밀접하게 연관되어 있다. 사대천왕은 각각 한 마리 고독한 늑대가 아니라 각자 가진 능력을 발휘해서 문제 해결이라는 하나

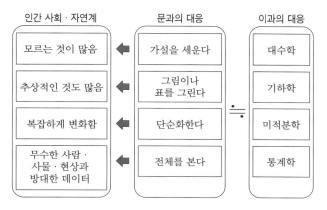

그림 1-1 사실 문과나 이과나 거기서 거기다

의 목표를 향해 나아가는 축구팀 같은 존재다. 축구팀은 11명이니까 사중창단이라고 하는 게 좋겠다. 각 사대천왕에 관해서는 제2장에서부터 상세하게 다루고, 이 장에서는 그 개요를 문과적 사고(≒비즈니스적 사고)와 비교하여 설명하려고 한다.

1-1 대수학 : 모르는 것이 있으면 가설을 세운다

비즈니스에서 필수적인 가설 사고

인간 사회에도 자연계에도 수많은 미지의 존재가 있다. 하지만 모른다고 해서 생각하기를 그만둔다면 문명의 발전은 이루어지지 않을 것이다. 모르는 게 있을 때는 가설을 세워 생각을 이어 나가야 한다. 이럴 때 문과 출신 사업가라면 어떻게 할까? 전략 컨설팅업계에는 '가설 사고'라는 말이 있다. 새로운 사업을 시작할 때 수중에 있는 한정된 정보만 가지고 가설을 세워 이야기를 전개하는 사고법을 말한다.

예를 들어 어떤 자동차 회사의 판매가 타사에 비해 부진하다고 하자. 그러면 가격이 지나치게 비싸다, 딜러 같은 판매 경로가 비효율적이다, 광고가 부족하다… 등등 가설을 세워 대응책을 검토할 것이다. 이런 사고법은 수학에서도 찾아볼 수 있는데, 그것이 바로 대수학이다. 다만 수학인 만큼 가설은 수식으로 나타낼 수 있을 정도로 명확해야 한다. 즉, 대수학은 가설을 명확하게 하기 위한 학문이다. 한마디로 정리하면 다음과 같다.

대수학 = 가설을 명확하게 만드는 도구

대수학에서는 아직 파악하지 못한 미지의 숫자가 있을 때, 그것을 x나 y 같은 문자로 치환하여 식을 세우고 사고를 이어 나간다. 숫자를 문자로 대체하는 학문이라서 '대수학'이라고 불린다. 물론 문자는 x나 y가 아니어도 상관없다. '아'도 좋고 '☆'도 좋고 '甲(갑)'이어도 문제없지만, 서양에서 발전한 학문이라서 보통 영어나 그리스어 알파벳을 사용한다.

이렇게 문자로 대체된 숫자는 '변수'라고 부른다. 겉보기엔 문자인데도 '수'가 붙어 있어서 위화감이 느껴질 수도 있지만, 본디 숫자인 것을 잠시 문자로 대체해 놓은 것이므로 그 점을 잊지 않도록 변수라고 부른다. 또 변수의 '변'에는 여기에 들어가는 숫자를 변경해도 된다는 의미가 담겨 있다. 가령 '$y = x + 3$'이라는 식이 있으면, x에는 1을 넣어도 되고 2를 넣어도 되고 그 밖의 숫자를 넣어도 상관없다. 즉, 변수는 숫자를 넣을 수 있는 상자 같은 것으로 생각하면 된다.

여기서 중학교 교과서에 나오는 문제를 하나 살펴보자.

〔예제〕 시급은 각각 얼마일까?

한 식당에서 주말에는 조리사 5명, 아르바이트생 2명이 일하는데, 모두 하루에 10시간씩 일하고 7명의 하루치 급여는 총 12만 엔(시급으로 환산하면 12,000엔)이다. 평일에는 조리사 2명과 아르바이트생 1명이 모두 10시간씩 일하고 하루치 급여는 총 5만 엔(시급 환산 5,000엔)이다. 조리사와 아르바이트생의 시급은 각각 얼마일까?

여기서 우리는 조리사와 아르바이트생의 시급을 모르기 때문에 각각의 시급이 상자가 된다. 이럴 때는 우선 조리사 1명의 시급에 'x', 아르바이트생 1명의 시급에 'y'라는 이름을 붙

여서 '아는 체'하며 식을 세운다. 그러면 다음과 같은 식이 만들어진다.

시급이 x엔인 조리사 5명과 y엔인 아르바이트생 2명의 총 시급은 12,000엔

$$\Rightarrow 5x + 2y = 12{,}000 \quad \cdots\cdots\cdots\cdots\cdots\cdots\cdots\cdots \quad ①$$

시급이 x엔인 조리사 2명과 y엔인 아르바이트생 1명의 총 시급은 5,000엔

$$\Rightarrow 2x + 1y = 5{,}000 \quad \cdots\cdots\cdots\cdots\cdots\cdots\cdots\cdots \quad ②$$

조리사와 아르바이트생의 시급을 마치 아는 것처럼 해서 문제 내용대로 식을 만들었다.

문자가 2개 있으면 헷갈리니까 문자를 하나로 줄여야 하는데, 이때 약간의 요령이 필요하다. 구체적으로 설명하면, ②에 2를 곱한 뒤 ①에서 ②×2를 빼서 y를 제거하는 것이다. 직접 한번 해 보자.

$$① \cdots\cdots\cdots\cdots 5x + 2y = 12{,}000$$
$$② \times 2 \cdots\cdots 4x + 2y = 10{,}000$$

①에서 ② × 2를 빼면

$$(5x + 2y) - (4x + 2y) = 12,000 - 10,000$$
$$x = 2,000$$

　이처럼 $x = 2,000$이라는 답이 나온다. x는 조리사의 시급이므로 조리사의 시급은 2,000엔이라는 사실을 알 수 있다. 다음으로 $x = 2,000$을 ②에 대입하면 $4,000 + 1y = 5,000$이 되므로 아르바이트생의 시급은 1,000엔이라는 사실을 알 수 있다. 내용물을 모르는 상자가 있다고 해서 겁먹지 않고 마치 아는 것처럼 사고를 이어 나갔더니 상자의 내용물을 알게 되었다. 이처럼 변수는 거기에 어떤 숫자가 들어갈지 모른다는 의미를 담고 있어서, 모르는 것을 다루는 데 중요한 개념이다.

함수란 변수 사이의 관계성

　대수학에서 중요한 개념이 하나 더 있는데, 그것은 바로 '함수'다. **함수란 두 변수 사이의 관계성**을 말한다. 이 정의만으로는 이해가 안 갈 수도 있으니 구체적인 예를 살펴보자. **그림 1-2**와 같이 변수 x와 변수 y를 연결 짓는 관계성 '?'가 있다.

　그렇다면 관계성 '?'는 어떤 것일까? y가 항상 x보다 3만큼 크다는 사실에서 '$y = x + 3$'이라는 관계가 있음을 알 수 있다. 이처럼 변수와 변수를 연결하는 관계성을 함수라고 한다. 어원에 관해서는 여러 가지 설이 있으나, 변수 사이의 관계성

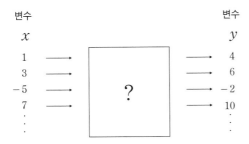

변수		변수
x		y
1	→	4
3	→	6
-5	? →	-2
7	→	10
⋮		⋮

그림 1-2 '?'는 어떤 관계인가

이므로 '함수'라고 기억하면 외우기 쉬울 것이다. 함수는 $y =$ ……의 형태로, y를 x에 대한 식으로 나타낸다. 수학에서는 주로 다음과 같은 표현을 쓴다. 'y를 x에 대한 함수로 표시하면 $y = x + 3$이다.'

변수와 함수를 사용해서 비즈니스에 관한 문제를 해결해 보자.

〔예제〕 광고비를 얼마로 해야 할까?

청량음료를 판매하는 A사는 신제품 시험 마케팅을 시행했다. 시험용으로 선정된 10개 점포에서만 한정 판매를 하는 방식이다. 광고 효과를 확인하기 위해 신제품의 광고비 예산은 점포마다 다르게 할당되었다. 시험 마케팅은 반년간 시행되었고, 결과는 **표 1-3**과 같다.

점포 No.	광고비 (엔)/월	평균 판매량/월
01	0	5
02	100	10
03	200	15
04	300	20
05	400	25
06	500	30
07	700	40
08	900	50
09	1,100	60
10	1,300	70

표 1-3 광고비와 판매량

시험 마케팅 결과를 전달받은 A사는 신제품의 제조 설비를 확충하고 판매망을 100개 점포로 확대하기로 했다. 이에 필요한 설비 투자는 600만 엔으로 예상된다. 또 신제품의 원가는 50엔, 판매 가격은 150엔이므로 1병당 이익은 100엔이다. 설비 투자를 1년 만에 회수하려면 1점포당 월간 광고비 예산을 얼마로 책정해야 할까? 다만 원가에는 설비 투자와 광고비를 제외한 모든 비용(재고 관리비나 인건비 등)이 포함되어 있다.

실제 비즈니스에서는 광고비와 판매량이 위와 같이 깔끔하게 비례하지 않는다. 광고비를 많이 들인다고 판매량이 한없이 증가하지도 않는다. 여기서는 대수학의 사고방식을 쉽게 이해할 수 있도록 일부러 단순한 상황을 가정한 것이다. 그렇다면 과연 어떤 식으로 접근하는지 알아보자.

600만 엔을 1년(12개월) 만에 회수하려면 한 달에 50만 엔(600만 엔 ÷ 12)의 이익을 벌어들여야 한다. 이것을 100개 점포에서 분담한다면 1점포당 매달 5,000엔을 벌어야 한다. '뭐야, 간단하네. 신제품 1병당 이익이 100엔이니까 5,000엔을 100엔으로 나눠서 점포당 월 50병씩 팔면 되지. 그러니까 광고비는 900엔이야' 이렇게 생각한 사람도 있을 것이다. 하지만 광고비도 매출로 회수해야 하므로 그리 간단하지만은 않다.

이럴 때 생각을 정리하기 위해 사용하는 것이 대수학이다. 1점포당 월간 이익은 신제품 판매 이익에서 광고비를 뺀 금액이므로 다음과 같이 나타낼 수 있다.

월간 이익 = 월평균 판매량 × 100엔 − 광고비 ········ ①

이 식에는 '월간 이익', '평균 판매량', '광고비'라는 3개의 변수가 등장한다. 그리고 월간 이익을 평균 판매량과 광고비에 대한 함수로 나타내고 있다.

앞서 말했듯이 x나 y가 아닌 다른 문자를 사용해도 문제없다. 여기서는 알파벳 대신 단어를 그대로 사용했다. 1점포당 매달 5,000엔을 벌어들여야 하므로 ①의 '월간 이익'이 5,000이 되는 '광고비'의 값을 알아내면 된다.

여기까지는 딱히 어떤 가설을 세운 게 아니라 당연히 해야 하는 계산을 한 것뿐이다. 그런데 ①에는 '월간 이익'과 '광고비' 말고도 '평균 판매량'이라는 변수가 들어 있다. 이대로는 월간 이익과 광고비 사이의 직접적인 관계를 알 수 없어서 다음 단계로 나아가지 못한다. 그래서 시험 마케팅 결과를 활용해야 한다.

표 1-3을 보면 광고비를 한 푼도 쓰지 않은 점포에서도 월평균 5병은 팔린다. A사를 특별히 좋아하는 사람이나 신제품이라면 뭐든지 사고 보는 사람이 일정 수 존재하기 때문이다. 그 외에는 광고비를 100엔 늘릴 때마다 평균 판매량이 월 5병씩 증가한다. 이 사실로부터 평균 판매량과 광고비 사이에 다음과 같은 관계가 있다는 가설을 세울 수 있다.

〈**표 1-3의 시험 마케팅 결과를 바탕으로 세운 가설을 함수로 나타낸 것**〉

평균 판매량 $= 5 + $ 광고비 $\times \dfrac{5}{100}$ .... ②

(※5/100는 '광고비 100엔당 5병 증가'를 나타낸 것)

②는 '평균 판매량'을 '광고비'에 대한 함수로 나타낸 것이다. 해결로 한 발 나아가기 위해 시험 마케팅 결과를 바탕으로 가설을 세워 ②와 같이 함수로 나타냈다. ①의 '평균 판매량' 부분에 ②를 집어넣으면 다음과 같다.

$$\text{월간 이익} = \left(5 + \text{광고비} \times \frac{5}{100}\right) \times 100 - \text{광고비}$$

이렇게 하면 '월간 이익'과 '광고비'만의 관계가 드러난다. 계산을 통해 식을 더 간단하게 만들어 보자.

$$\text{월간 이익} = \left(5 + \text{광고비} \times \frac{5}{100}\right) \times 100 - \text{광고비}$$
$$\text{월간 이익} = 500 + \text{광고비} \times 5 - \text{광고비}$$

⇐ 괄호 부분을 계산한다

$$\text{월간 이익} = 500 + \text{광고비} \times 4 \cdots\cdots\cdots\cdots\cdots\cdots ③$$

⇐ '광고비' 부분을 정리한다

③이 '월간 이익'과 '광고비' 사이의 직접적인 관계를 나타내는 식이다. ③을 자세히 뜯어 보면 시험 마케팅을 바탕으로 세운 가설이 잘 반영되어 있음을 알 수 있다. 먼저 ③의 우변의 '500'은 광고비를 곱하지 않아도(광고비 = 0이라도) 매달 5병은 팔리므로 500엔의 이익(5병 × 100엔)을 얻을 수 있다

는 뜻이다. 또 우변의 '광고비×4'는 광고비의 증가에 따라 이익이 얼마나 늘어나느냐 하는 비례관계를 나타낸다. 예를 들어 광고비를 100엔 늘리는 경우, 시험 마케팅 결과에 의하면 판매량이 5병 증가하므로 상품 판매 이익은 500엔 늘어난다. 하지만 광고비 100엔을 그 이익에서 충당해야 하기 때문에 가게 전체의 이익으로 따지면 400엔밖에 안 늘어난다. 따라서 '×4'가 되는 것이다.

여기까지 왔으면 이제 쉽다. ③을 이용해서 '월간 이익'이 5,000이 되는 '광고비'가 얼마인지 계산해 보자.

$$5{,}000 = 500 + \text{광고비} \times 4$$
⇐ ③의 '월간 이익'에 5,000을 넣는다

$$500 + \text{광고비} \times 4 = 5{,}000$$
⇐ 좌변과 우변을 바꾼다

$$\text{광고비} \times 4 = 4{,}500$$
⇐ 숫자 부분을 정리한다

$$\text{광고비} = 1{,}125$$
⇐ 4로 나눈다

답 : 1점포당 광고비 예산은 월 1,125엔
이상으로 책정해야 한다

위와 같이 모르는 숫자에 이름을 붙여서(변수) 밝혀지지 않은 관계성에 수학적인 규칙성을 부여함으로써(함수) 사고를

이어 나가는 방법론이 대수학이다. 이 문제에서는 식①과 ②
2개를 사용해서 문제를 푸는 열쇠인 식③을 만들어 냈다. ①
은 문제를 풀기 위한 대전제, ②는 시험 마케팅 결과에서 독
자적으로 도출한 가설이다. 수식을 사용하면 어디까지가 대
전제고 어디부터가 독자적인 가설인지 명확하게 분리해서 생
각할 수 있다.

현실 시장은 더 복잡해서 이 예제처럼 쉽게 해결되지 않는
경우가 많다. 점포의 입지 등 따로 고려해야 하는 요소가 너
무 많기 때문이다. 그러나 고려할 변수가 늘어나는 것뿐, 기
본적인 발상은 똑같다. 그러므로 '변수'와 '함수'라는 개념을
사용하면 자신의 사고를 수학적으로 정리하여 명확하게 전달
할 수 있다.

비슷한 용어가 여러 개 나와서 헷갈릴 수 있으므로 이쯤에
서 다시 한번 정리해 보자.

〈대수학에 관한 용어 정리〉

대수학 : 미지의 숫자를 문자로 치환하여 생각하는 학문

변수 : 문자로 대체된 숫자

함수 : 변수 사이의 관계성

대수학을 어떤 상황에서 활용하는지는 제2장에서 더 자세

히 설명하겠지만, 대수학은 정말 다양한 분야에서 쓰인다. 예를 들어 2020년의 시작과 동시에 전 세계를 덮친 신종 코로나바이러스 감염증 대책과 관련하여, 전염병 전문가가 모인 집단 감염 대책반은 '신규 감염자 수'를 가장 중요한 변수로 간주하여 방침을 세웠다. 신규 감염자 수는 주말 인파와 집단 감염 발생 상황 등 다양한 요소에 의해 정해지므로 솔직히 말해서 모르는 값이나 다름없다. 하지만 아무런 대책도 세우지 않으면 나라가 엉망이 될 수도 있으니 이 악물고 머리를 짜내야 한다. 그렇다면 이제 대수학이 활약할 차례다. 전염병 전문가는 다음과 같은 함수를 가설로 채택했다.

감염자 수의 증감

$= a \times$ 미감염자 수 $\times$ 감염자 수 $- b \times$ 감염자 수

　　　　　　　※ 일정 기간에 발생　　　　※ 일정 기간 내에 완치
　　　　　　　한 신규 감염자 수　　　　　또는 사망으로 감염
　　　　　　　　　　　　　　　　　　　자가 아니게 된 사람
　　　　　　　　　　　　　　　　　　　수

(※ a는 감염 확산세, b는 일정 기간 내에 완치 또는 사망한 사람의 비율)

〈변수의 정의〉

미감염자 수 : 아직 감염되지 않은 사람, 즉 앞으로 감염될
　　　가능성이 있는 사람 수

감염자 수 : 현시점 기준 감염된 사람 수

이 수식은 일정 기간(가령 24시간) 내에 발생한 감염자 수의 증감을 나타낸다.

앞의 수식이 다소 복잡하므로 설명하자면, 'a × 미감염자 수 × 감염자 수'는 새로 감염된 사람 수를 나타낸다. 현시점 기준 감염자가 많을수록 신규 감염자도 많아진다고 볼 수 있는데, 이미 대부분 감염되어 집단 면역이 이루어지면 감염 확산은 억제된다. 즉, 감염자가 많아도 미감염자가 적으면 감염은 확산하지 않는다. 바꿔 말하면 감염자가 많은 동시에 미감염자도 많을 때 신규 감염자가 가장 많아진다. 이런 상황을 고려하기 위해 이 수식에서는 신규 감염자 수가 '미감염자 수 × 감염자 수'에 비례한다고 간주한다. 그리고 a는 감염 확산세를 나타내는 수치로, 이 수치가 클수록 감염 확산이 빠르게 이루어진다.

다음은 'b × 감염자 수' 부분이다. 이것은 완치되거나 사망하여 감염자가 아니게 된 사람 수를 나타낸다. b는 감염자 중 일정 기간 내에 완치 판정을 받거나 사망하는 사람의 비율을 나타낸다. 감염자가 아닌 사람은 제외하고 계산해야 하므로 뺄셈을 하는 것이다.

여기서 중요한 것은 감염 확산세를 나타내는 a다. a가 구체적으로 어떤 숫자인지는 실제 감염자 수 추이로부터 산출해야 하는데, 외출 자제 등 대책을 강화하면 a가 작아지고 마침내 유행은 잠잠해질 것이다. 이 a를 조금이라도 작은 값으로 만드는 것이 코로나-19 대책의 핵심 과제였다. 2020년 봄에 발표된 '타인과의 접촉을 80% 줄인다'라는 방침도 이런 수학적 분석에서 나온 결과였다.

이처럼 **대수학은 모르는 채로 넘어가지 않고 가설을 세워 다음 단계로 나아가는 학문**이다. 대수학에 관해서는 **제2장**에서 자세히 설명한다.

1-2 기하학 : 보이지 않는 것은 형상화하여 파악한다

첫걸음은 데이터의 시각화

요즘은 데이터 활용이 비즈니스의 성패를 좌우한다는 말이 있을 정도로 데이터 활용이 중요해졌다. 모두가 자사와 경쟁사의 매출, 소비자의 구매 동향, 상품 검색 이력 등 다양한 데이터를 수집하고 분석하는 데 열을 올린다. 이처럼 데이터의 활용은 갈수록 중요해지고 있다. 한편 데이터는 눈에 보이지 않아서 막연하고 종잡을 수 없다는 문제점도 있다. 그런 문제점을 극복한다면 분명 데이터를 더 폭넓게 활용할 수 있을 것이다. 어떻게 하면 데이터를 잘 다룰 수 있을까?

가장 효과적인 방법으로 시각적 요소를 활용하는 방법이 있다. 인간은 눈으로 정보의 80%를 얻는 시각적 동물이다. 따라서 시각화는 이해를 돕는 데 큰 역할을 한다. 비즈니스에서도 그래프나 표를 적절하게 활용한 프레젠테이션이 좋은 평을 듣는다. 시각적으로 호소하면 발표자의 주장이 더 잘 이해되기 때문이다. 이처럼 눈에 보이는 형태로 변환하면 훨씬 이해가 빨라진다.

이럴 때 유용한 수학 분야가 바로 기하학이다. 이미지와는 다르게, 수학은 상당히 우리 삶과 밀접한 학문이다. 인간에게 이해하기 어려운 것을 알기 쉽게 번역해 주는 기능을 한다. 그중에서도 기하학은 데이터 같은 추상적인 대상에 형태(이미지)를 부여함으로써 이해를 돕는 학문이다. 원래 기하학은 형태를 연구하는 분야인데다, **무형의 것(데이터 등)을 유형의 것으로 변환하는** 기능이 있기 때문이다. 기하학을 통해 추상적인 데이터를 '유형'의 것으로 변환함으로써 데이터 분석 또한 발전할 수 있었다. 정리하자면 다음과 같다.

기하학=시각화하는 도구

중·고등학교 때에 배운 피타고라스 정리를 기억하는가? 직각삼각형의 각 변의 길이가 다음과 같은 관계에 있다는 정리를 말한다.

밑변^2 + 높이^2 = 빗변^2

이것은 도형에 관한 정리이므로 기하학의 범주에 들어간다. 여기서는 구체적인 예로 빅데이터 분석에 피타고라스 정리를 응용한 예를 살펴보려고 한다.

그림 1-4는 성인 남녀의 키와 머리 길이에 관한 데이터인데, 성별 정보는 빠져 있다. 이때 키와 머리 길이만으로 성별을 판단하는 방법을 고안하려고 한다.

표로 되어 있으면 알아보기 어려우니 세로축을 키, 가로축을 머리 길이로 하여 그래프를 그려 보자. 데이터는 불규칙하게 흩어져 있는 것처럼 보이지만 잘 관찰하면 두 집단으로 나뉜다는 사실을 알 수 있다. 직관적으로 왼쪽 위는 남성, 오른쪽 아래는 여성 집단으로 추측할 수 있다. 빅데이터 분석에서는 데이터 분포가 집단을 이룰 때, 그 덩어리를 '클러스터'라고 한다. 이 사례에서 왼쪽 위는 남성 클러스터, 오른쪽 아래는 여성 클러스터가 된다.

키와 머리 길이 데이터

키(cm)	머리 길이(cm)	성별
167.2	8.7	?
155.4	24.9	?
178.8	7.5	?
……		

데이터를 시각화한다

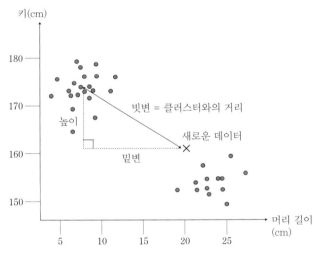

그림 1-4 피타고라스 정리로 거리를 구할 수 있다

데이터를 시각화하면 이해하는 데는 도움이 되지만, 그것만으로는 부족하다. 예를 들어 새로운 데이터(그림 속 ×)가 추

가되면 그것이 남성의 정보인지 여성의 정보인지 알고 싶을 것이다. 이때 눈으로만 보고 '오른쪽 아래에 가까우니까 여성이겠지'라고 주관적으로 판단하는 방법도 있지만, 제삼자가 볼 때는 판단 기준이 모호하다고 느낄 수도 있다. 게다가 대량의 데이터를 취급하는 비즈니스 현장에서는 인간이 눈으로 보고 판단하는 방법만으론 한계가 있다. 그래서 컴퓨터로 계산할 수 있을 만큼 객관적인 기준이 필요하다.

이럴 때 형태의 수학인 기하학을 사용하면 판단 기준을 명확하게 정할 수 있다.

단순하게 생각했을 때 새로 입수한 데이터가 남성 클러스터(왼쪽 위)에 가까운지, 여성 클러스터(오른쪽 아래)에 가까운지를 기준으로 판단하는 게 좋아 보인다. 가까운 정도, 즉 클러스터와의 거리를 보는 것이다.

그림 1-4에 나타나 있듯이 각 클러스터의 중심으로부터 거리를 구해서(중심은 또 다른 계산을 통해 구해야 하지만 여기서는 생략한다) 더 가까운 클러스터가 있으면 거기에 속한다고 판단하면 된다. 컴퓨터로 계산할 수 있으니 실제로 그래프를 그려서 자로 거리를 측정하는 아날로그적인 방법은 쓰지 않는다. 이제 피타고라스 정리를 사용할 차례다.

피타고라스 정리는 원래 직각삼각형의 빗변의 길이를 구하는 공식이지만, 잘 응용하면 두 점 사이의 거리도 구할 수 있다. **그림 1-4**와 같이 클러스터의 중심과 데이터를 연결하는 직선이 빗변인 직각삼각형이 있다고 하자. 그러면 구해야 할 거리는 직각삼각형의 빗변 길이가 된다. 직각삼각형의 빗변 길이는 알다시피 피타고라스 정리를 이용해서 구할 수 있다.

이렇게 데이터를 여러 집단으로 나눌 때, 피타고라스 정리로 데이터 사이의 거리를 구해서 거리가 가까운 것끼리 묶으면 좋다. 빅데이터 분석이나 머신러닝에서도 이런 분석 기법을 사용하는데, 이를 '클러스터 분석'이라고 한다. 최근에는 소비자의 성향, 잘 팔리는 책과 안 팔리는 책, 히트곡과 그렇지 않은 곡 등 다양한 데이터를 분류하는 데 클러스터 분석을 응용한다.

데이터의 양이 많아지면 모든 데이터 사이의 거리를 구하는 계산은 방대한 작업이 된다. 이 사례도 그렇지만 머신러닝 같은 경우 엄청난 양의 계산이 필요하다 보니 오랫동안 보급이 어려웠다. 그러나 현재는 고성능 컴퓨터를 저렴하게 이용할 수 있게 되었기 때문에 다양한 분야에서 급속도로 응용 사례가 늘고 있다.

삼각함수란 무엇인가

데이터 해석에 관한 사례는 다소 추상적인 면이 있어서 더 친숙한 예를 하나 소개한다. 어린이 둘을 유모차에 태우고 외출할 때, 경사가 심한 비탈길이 나오면 지나가기가 상당히 힘들다. 어떤 육교는 가운데 부분이 계단 대신 경사면으로 되어 있어서 자전거나 휠체어, 유모차가 통행할 수 있는데, 그 경사가 가파르면 올라갈 때도 체력이 필요하고 내려올 때도 주의를 기울여야 한다. 한편 큰 역사 안에 있는 경사로는 대체로 기울기가 완만하게 설계되어 있어서 안심하고 지나갈 수 있다. 이러한 경사로 설계에 **삼각함수**가 사용된다는 사실을 아는가?

역사 내 경사로나 육교를 설계할 때는 사용 가능한 면적과 편리성 등을 고려해서 기울기를 정해야 한다. 육교는 공간이 한정적인 도로에 설치하는 데다 자동차나 가로수에 닿지 않을 정도로 높아야 해서 어쩔 수 없이 경사를 가파르게 설계하는 경우가 많다. 반면 지하철역이나 병원 같은 공공시설에서는 배리어프리를 중시하므로 완만한 경사로를 많이 볼 수 있다. 이렇게 상황에 따라 경사를 적절하게 설계하기 위해 삼각함수를 사용한다.

경사는 지면에 접하는 부분의 길이(수평거리)와 지면으로부터의 높이(수직거리)의 비로 나타낸다. 가령 45° 경사는 수평거리와 수직거리가 같으므로 1/1 경사라고 부른다. 노인들에게는 상당히 험한 경사다. 휠체어나 유모차는 아마 통과하기 어려울 것이다. 육교에 흔히 쓰이는 경사는 1/2 경사다. 이 경우 각도로 나타내면 27°다. 걸어서 건너면 거뜬하지만 휠체어나 유모차로 지나가기는 꽤 힘들다. 노인들까지 원활하게 통행하려면 1/12 경사가 적절하다. 이 경우 각도는 5°밖에 안 되기 때문에 휠체어도 쉽게 건널 수 있다.

'이게 삼각함수랑 무슨 상관이지?'라는 의문이 들 수도 있지만, 경사의 각도와 수직거리, 수평거리의 비 사이의 관계는 삼각함수의 일종인 '탄젠트'를 이용해서 구한다. 고등학교 때 삼각함수를 배웠다면 어렴풋이 기억 속에 남아 있을 것이다. **탄젠트(tangent)란 직각삼각형의 높이를 밑변으로 나눈 값, 즉 높이와 밑변의 비를 말한다. 그림 1-5**를 보면 이해할 수 있을 것이다. 경사의 각도가 변하면 높이와 밑변의 비도 변하므로 탄젠트는 각도에 대한 식으로 나타내어진다. 보통 첫 3글자를 따서 tan라고 표기한다.

그림 1-5에 있는 탄젠트의 정의는 다소 추상적이라서 와닿지 않을 수도 있다. 게다가 왜 이것이 삼각함수의 일종인지도 아직은 불투명하다. 그래서 이 관계를 다른 관점에서 보려고 한다. **그림 1-6**은 탄젠트의 기능을 도식화한 것이다. 탄젠트는 직각삼각형에서 '경사의 각도'와 '높이와 밑변의 비' 사이의 관계를 나타낸다. 그런데 이 도식 어딘가 낯익지 않은가? 바로 대수학 파트에서 나온 **그림 1-2**다.

그림 1-2의 x를 직각삼각형의 '각도', y를 '높이 ÷ 밑변'으로

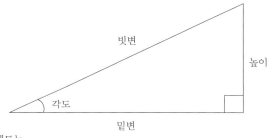

탄젠트는
높이와 밑변의 비
수식으로 나타내면 $\tan$각도 $= \dfrac{높이}{밑변}$ $\Longrightarrow$ (예) $\tan 5° = \dfrac{1}{12}$
오른쪽과 같다

그림 1-5 탄젠트의 정의

치환하면 그대로 탄젠트가 된다. 탄젠트는 '각도'라는 변수와 '높이 ÷ 밑변'이라는 변수를 연결 짓는 관계성, 즉 함수였던 것이다. 삼각형에 관한 함수라서 '삼각함수'라고 한다.

　탄젠트 외에 사인(sine), 코사인(cosine) 같은 것도 있는데, 탄젠트와 마찬가지로 삼각함수의 일종이다. 이들은 각각 'sin 각도 = 높이 ÷ 빗변', 'cos각도 = 밑변 ÷ 빗변'으로 정의된다. 길이 그 자체가 아니라 길이의 비를 사용하는 이유는, 길이로 정의하는 경우 삼각형의 크기가 달라지면 쓸 수 없기 때문이다. 길이의 비로 정의하면 삼각형이 개미만 하든, 손바닥만 하든, 후지산만 하든 상관없이 적용할 수 있다. 그러므로 삼각함수는 길이의 비로 정의한다. 사인, 코사인, 탄젠트 모두 삼각형에 관한 변수(길이의 비와 각도)를 연결 짓는 관계성

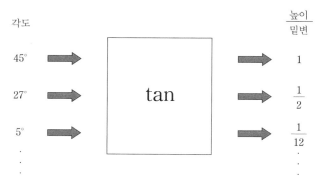

각도

높이 ÷ 밑변

45° ➡ | tan | ➡ 1

27° ➡ | | ➡ $\frac{1}{2}$

5° ➡ | | ➡ $\frac{1}{12}$

·
·
·

그림 1-6 탄젠트는 '각도'와 '높이÷밑변'을 연결 짓는 관계성(함수)

(함수)이므로 통틀어서 삼각함수라고 부른다.

다시 육교 이야기로 돌아가 보자. 탄젠트는 육교나 배리어프리 시설 등에서 통행로의 경사를 설계할 때 경사의 각도와 수평거리·수직거리의 대응 관계를 한꺼번에 보여 준다. 그 대응을 나타낸 것이 **그림 1-7**이다. 앞에서 1/2 경사의 각도는 27°라고 했는데, 이를 알 수 있는 이유는 tan 27° = $\frac{1}{2}$ 이라는 함수 관계가 수학자에 의해 명백하게 밝혀졌기 때문이다.

경사를 직각삼각형으로 나타내면 특정 기울기의 경사면을 설계할 때 수직거리와 수평거리를 얼마로 해야 하는지 탄젠트를 써서 계산할 수 있다. 예를 들어 1/2 경사에서 각도와 수평·수직거리 비 사이의 관계를 삼각함수로 표기하면 tan 27° = $\frac{1}{2}$이 된다. 배리어프리의 기준인 1/12 경사는 tan 5° = $\frac{1}{12}$이

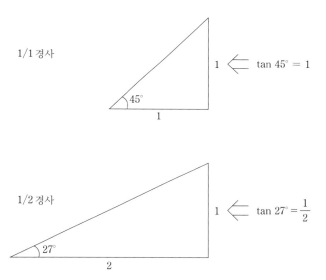

경사를 설계할 때   수학적으로 표현

1/1 경사

1 ⇐ $\tan 45° = 1$

$45°$

1

1/2 경사

1 ⇐ $\tan 27° = \dfrac{1}{2}$

$27°$

2

그림 1–7 경사를 직각삼각형으로 나타내면 삼각함수를 쓸 수 있다

다. 'tan □ = ○'라는 식의 □에 어떤 각도를 입력했을 때 ○
가 얼마로 나오는지는 이미 수학자들이 다 정리해 놓았다. 경
사 설계자는 정리해 놓은 것을 가져다 쓰기만 하면 된다.

그 밖에도 다양한 응용 사례가 있는데, 이에 관해서는 **제3
장**에서 소개한다.

1-3 미적분학 :
복잡한 것은 단순화하여 분석한다

미세한 변화에 초점을 맞춘다

인간 사회도 자연 현상도 복잡하게 변화한다. 복잡한 상황에 직면하면 어떻게 해야 할지 몰라서 사고가 멈춰 버리기도 한다. 그럴 때 효과적인 방법이 있는데, 바로 단순하게 생각하는 것이다. 단순한 사고의 중요성은 성공한 사업가들도 입을 모아 강조하는 부분이다. 구글의 공동 창업자 세르게이 브린은 이렇게 말했다. "성공은 단순함에서 나온다(Success will come from simplicity)" 또한 교세라 창업자 이나모리 가즈오는 이런 명언을 남겼다. "현명한 자는 복잡한 것을 단순하게 생각한다" 상황을 단순화하면 두뇌의 과부하를 피할 수 있으므로 사고를 쭉쭉 이어 나갈 수 있다.

초등학교 때 배운 '속도 × 시간 = 거리' 공식(속·시·거 공식)에 의하면, 자동차를 타고 시속 50km로 2시간 동안 달렸을 때 주행 거리는 100km(50km×2)가 된다. 그러나 실제로 차를 운전할 때는 신호에 걸려 멈추기도 하고 커브 길에서 속도를 줄이기도 하므로 속도가 시시각각 변한다. 공식은 속도가 일정한 경우에만 성립하므로 그대로는 사용할 수 없다.

초등학교에서 배운 공식은 명쾌하긴 하지만, 실제 상황에 적용하기엔 지나치게 단순하다. 이럴 때 미적분학에서는 발상을 전환하여 상황 자체를 단순하게 만든다. 복잡한 상황을 힘겹게 그대로 처리할 것이 아니라 우선 단순화한 다음 생각하자는 것이다. 이것을 실현하기 위해 미적분학에서는 아주 작은 변화에 초점을 맞춘다. 기하학에서는 추상적인 것을 형상화하여 이해를 도왔다면, 미적분학에서는 작은 변화에 주목한다는 발상으로 인간의 이해를 돕는다.

자동차의 속도는 시시각각 변하지만 찰나의 순간, 가령 0.1초를 떼어 내서 생각하면 속도는 일정하다고 봐도 무방하다. 0.1초라는 짧은 시간 동안 가속과 감속을 반복할 만큼 민첩한 운전자는 없기 때문이다. 그 정도로 짧은 간격이면 속도는 일정하다고 볼 수 있으므로 속도×시간 = 거리 공식을 사용할 수 있다.

구체적인 예를 통해 어떤 느낌인지 알아보자. 자동차를 타고 달리면서 **표 1-8**과 같이 0.1초마다 속도계에 표시된 속도를 기록한다. 예를 들어 어느 순간의 속도가 50.5km/h였다고 하면, 그로부터 0.1초 동안 자동차는 얼마나 나아갈까? 구체적으로 계산해 보자. 1시간은 3,600초이므로 0.1초는 '36,000분의 1시간'이다. 또 50.5km/h라는 속도를 미터 단위로 나타내면 50,500m/h가 된다. 이제 이동 거리를 구해 볼 텐데, **0.1초밖에 안 되는 짧은 시간이라면 속도가 일정하다고 봐도 좋을 것이**

경과 시간	그 순간의 속도계 표시	시간 간격	주행 거리 ('속도×시간 =거리'로 계산)
0.0초	50.1km/h	0.1초	1.39m
0.1초	50.5km/h	0.1초	1.40m
0.2초	50.7km/h	0.1초	1.41m
……	……	……	……
1시간 59분 59.8초	55.8km/h	0.1초	1.55m
1시간 59분 59.9초	55.4km/h	0.1초	1.54m

표 1-8 0.1초씩 잘라서 주행 거리를 조사한다

다. 따라서 '속·시·거 공식'을 사용할 수 있다.

(속도)　　　　　(시간)　　　　(거리)

$50,500\text{m/h} \times 1/36,000\text{시간} = 1.40\text{m}$

0.1초라는 짧은 기간에 '속·시·거 공식'을 적용하여 이동 거리 1.40m를 구했다. 같은 계산을 반복하면 각 순간의 주행 거리를 산출할 수 있다.

이렇게 **대상이 단순해질 때까지 잘게 잘라서 처리하는 방식을 수학에서는 '미분'이라고 한다.** 이는 미세(단순)한 변화가 되도록

분해한다는 뜻을 담고 있다. 영어로는 디퍼런셜(differential)이라고 하는데, 여기에는 '작은 변화(difference)에 주목한다'라는 의미가 들어 있다. 앞의 사례로 말하자면 속도가 계속 변해서 '속·시·거 공식'을 쓸 수 없는 상황이었는데, 시간을 잘게 잘라 속도를 일정하게 해서 '속·시·거 공식'을 쓸 수 있게 된 것이다.

잘게 자른 것을 다시 쌓아 올려서 원래대로 되돌린다

다만 잘게 자른 상태로 놔두면 의미가 없다. 앞의 사례에서도 0.1초 동안의 주행 거리만 가지고는 특별히 할 수 있는 게 없다. 주행 시간이 2시간이라고 할 때, 0.1초씩 자르면 총 72,000개가 나온다(1시간은 3,600초이고, 그것을 0.1초씩 자르면 36,000개로 나뉘므로 그 2배). 이 상태로는 그냥 72,000개나 되는 숫자의 나열일 뿐이다. 2시간 동안 얼마나 나아갔는지 알려면 이 숫자를 전부 더해서 2시간 동안의 총 주행 거리로 되돌릴 필요가 있다. 이처럼 **미분의 접근 방식을 따라 잘게 자른 것을 다시 합쳐서 원래대로 되돌리는 것이 '적분'**이다. 이는 분리된 것을 다시 쌓아 올려서 원래대로 되돌린다는 의미다. 적분은 영어로 인테그랄(integral)인데, 여기에는 '분리된 것을 통합(integrate)하여 원래대로 되돌린다'라는 의미가 담겨 있다. 정리하면 다음과 같다.

미분 = 작은 변화를 보는(단순화하는) 도구
적분 = 원래대로 되돌리는 도구

미분을 통해 대상을 단순화해서 계산한 다음, 적분을 통해 원래대로 되돌림으로써 복잡한 문제에 대처한다.

고등학교 때 미적분을 배운 사람은 시험을 대비해 수많은 공식을 외우느라 힘들었던 기억이 있을 것이다. 미적분 공식집에 있는 수식은 과거의 수학자들이 미적분학의 발상을 수식에 적용하면 어떻게 되는지 하나하나 연구해서 그 결과를 정리해 놓은 것이다.

변화 양상을 수식으로 깔끔하게 나타낼 수 있는 경우 공식집에 실린 관계식이 도움이 될 수도 있다. 반면 자동차의 주행 거리 같은 사례는 노면의 상태나 교통신호 등 다양한 상황에 의해 속도가 끊임없이 변하기 때문에 딱 떨어지는 수식으로 나타내기 어렵다. 그렇다고 하더라도 미분·적분의 발상을 적용하는 데는 문제 없다. 즉, 중요한 것은 공식을 외우는 게 아니라 미적분학의 사고방식을 익히는 것이다.

비행기를 띄우려면

미적분학의 구체적인 응용 사례로 비행기 이야기를 해 보려고 한다. 비행기는 거대한 금속 덩어리로, 점보제트기 같은 것은 300t이 넘기 때문에 하늘을 날려면 치밀한 설계가 필요하다. 그래서 비행기를 설계할 때는 주변 공기의 흐름, 기체에 가해지는 압력(기압) 등을 분석해야 한다. 그래서 항공기 제조사는 컴퓨터를 이용하여 비행 시뮬레이션을 하면서 기체를 설계한다.

비행기를 둘러싼 공기의 흐름은 매우 복잡하다. 먼저 비행기 자체가 동체, 주 날개, 꼬리 날개, 제트엔진 등 여러 부분으로 구성되어 있어서, 비행기 주위라고 해도 어느 위치냐에 따라 공기의 흐름이 크게 달라진다. 또 특정 방향에서 바람이 불어오거나 기체의 자세가 바뀌는 등의 작은 변화만으로도 공기의 흐름이 변한다.

이렇게 복잡한 상황을 다루는 데 필요한 것이 미적분학이다. 먼저 비행기 주위 공간을 컴퓨터상에서 작은 블록으로 나눠 블록마다 기압을 계산한다. 기압의 계산이 중요한 이유는 비행기가 날개를 기준으로 위아래의 기압 차에서 생겨나는 힘(양력)을 이용해서 날기 때문이다.

기압을 계산하려면 블록마다 공기의 드나듦을 파악할 필요가 있다. 예를 들어 어떤 블록에 들어오는 공기의 양이 빠져나가는 양보다 많으면, 그 블록의 공기 밀도가 상승하여 기압이 높아진다. 이는 출퇴근 시간의 지하철을 떠올려 보면 이해하기 쉽다. 타는 사람 수가 내리는 사람 수보다 많아서 차량

내 인구 밀도가 높아지는 것이다. 반대로 출퇴근 시간이 지나면 타는 사람 수가 내리는 사람 수보다 적기 때문에 차량 내 인구 밀도가 낮아진다. 마찬가지로 어떤 블록에 들어오는 공기의 양이 빠져나가는 양보다 적으면 그 블록의 기압은 낮아진다.

이처럼 작은 블록의 공기 출입이라는 단순한 문제로 만들면 컴퓨터를 사용하여 계산할 수 있다. 작은 블록으로 나누는 이 방법에는 미세하게 잘라서 단순화하는 미분의 발상이 녹아 있다.

하지만 단순히 작은 블록으로 나누기만 하면 끝이 아니다. 아직 그 블록의 공기 출입을 어떻게 계산하느냐 하는 과제가 남아 있다. 그래서 한 단계 더 단순화한다. 앞에서 본 자동차 문제와 비슷하게 미분의 발상을 이용해서 시간을 잘게 자르는 것이다.

자동차 문제에서는 아주 짧은 시간으로 나눠서 '속·시·거 공식'을 사용할 수 있게 되었다. 공기의 흐름은 아주 짧은 시간으로 나누면 '나비에-스토크스 방정식'이라는 수식을 따른다. 이것은 공기의 흐름을 계산하는 공식이라고 보면 된다. 자동차 때와 마찬가지로 순간에 초점을 맞춰서 공식을 사용할 수 있게 된 것이다(다만 '속·시·거 공식'과는 달리 전문가 수준의 공식이라서 이 책에서는 상세하게 다루지 않는다).

작은 블록으로 구역을 나눠 단순화하고 시간을 잘게 잘라 한 단계 더 단순화하는 2단 구조로 미분의 발상을 적용한 사례다. 이렇게 블록마다 기압을 계산한 다음, 적분으로 계산 결과를 합쳐 원래대로 되돌린다. 그러면 비행기 전체에 작용하는 기압을 알 수 있고, 이를 통해 안전하게 날 수 있는지 분석할 수 있다. 비행기가 안전하게 하늘을 나는 것은 모두 미적분학 덕분이다.

미적분학에 관한 더 자세한 이야기는 **제4장**에서 소개한다.

1-4 통계학 : 거시적인 시각에서 전체를 내려다본다

수집한 데이터로 알 수 있는 것

'나무를 보고 숲을 보지 못한다'라는 속담이 있듯이 세세한 부분에 치중하면 본질을 제대로 파악하지 못한다. 데이터를 무작정 많이 모으기만 하면 정보량이 너무 많아서 실질적인 경영 판단으로 이어지기 어렵다. 데이터를 의사결정에 활용하려면 정보량을 줄이고 전체를 봐야 한다.

일할 때도 전체를 보지 못하고 지엽적인 부분에만 집착하면 잘 안 풀리는 경우가 많다. 능력 있는 사람은 먼저 전체상을 파악한 다음 '무엇을 취하고 무엇을 버릴지' 생각한다. 많은 업계에서 신입 시절에는 전화 받기나 문서 작업을 맡겨 업무에 익숙해지게 하고, 직급이 올라갈수록 전체를 보는 힘, 이른바 '조감 능력'을 요구한다. 사장이나 임원 자리에 오르면 조감 능력의 유무가 회사의 명운을 좌우한다. 수학에서는 방대한 데이터의 전체상을 파악하는 방법론이 '통계학'이라는 이론 체계에 정리되어 있다.

예를 들어 **표 1-9**와 같은 구매 데이터가 있다고 하자. 이 상태로는 단순한 정보의 나열에 불과하지만, 구매자의 나이 분포에 착안하여 그래프를 그리면 **그림 1-10**과 같이 10대의 구매량이 가장 많다는 사실을 알 수 있다. 통계학에서는 그래프에서 가장 높은 부분을 '최빈값(빈도가 가장 높다는 뜻)'이라고 하는데, 이 경우는 10대가 최빈값이 된다. 데이터에 의하면 이 상품은 젊은 사람들에게 인기가 좋다는 가설을 세울 수 있다. 이 가설로부터 학교 근처 매장에서 이 상품의 진열 면적을 확대한다는 구체적인 판단을 내릴 수 있다.

이처럼 **여분의 정보를 쳐내고 전체적인 분포 양상을 보는 것이 통계학의 방식**이다. 그러면 조감 능력을 발휘하여 특징을 파악할 수 있다. 이 사례에서는 나이 분포에 주목함으로써 그 상품이 10대에게 잘 팔린다는(10대가 최빈값이라는) 사실을 알았다. 간단하게 말하면,

성별	나이	구매 경로	구매 횟수	만족도	주위에 추천했는가	......
남성	30대	인터넷 검색	처음	3	아니오	
여성	50대	지인 소개	3번째	4	예	
여성	10대	SNS	처음	3	예	
......						

표 1-9 어떤 상품의 구매 데이터

다른 정보를 쳐내고 나이 분포에만 주목

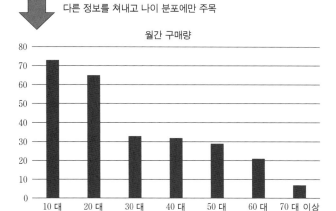

그림 1-10 나이에 따른 구매량

통계학 = 전체를 내려다보는 도구

이렇다고 한다.

통계학자 나이팅게일의 의료 혁명

조감 능력을 발휘하여 인간 지성의 한계를 뛰어넘은 사례가 있다. 근대 간호의 어머니라고 불리는 나이팅게일은 사실 통계학 전문가이기도 했는데, 영국왕립통계협회 사상 첫 여성 회원으로 뽑힐 정도의 실력자였다. 그가 통계학 지식을 활용한 분야는 물론 의료계다.

나이팅게일은 크림 전쟁에 간호사단장으로 파견되었을 때, 영국군 부상자와 전사자에 관한 데이터를 모아 통계학적으로 분석했다. 그 결과 전쟁으로 인한 직접 사망자 수보다 병원의 열악한 위생 환경에 의한 사망자 수가 압도적으로 많다는 사실을 알아냈다. 당시에는 붕대의 재사용을 당연하게 여겼는데, 새 붕대를 사용한 환자와 여러 번 쓴 붕대를 재사용한 환자의 사망률이 현저하게 차이 난다는 사실이 밝혀졌다. 그래서 청결한 새 붕대만 사용하도록 방침을 바꿔 환자의 사망률을 낮출 수 있었다. 이에 그치지 않고 병원 화장실 청소와 의복 세탁을 포함하여 모든 위생 환경의 개선에 힘쓴 결과, 40%가 넘었던 사망률을 5%까지 끌어내리는 데 성공했다.

나이팅게일이 살던 시대에는 소지품이나 의료 기구를 청결하게 유지하면 왜 사망률이 낮아지는지 그 원리 자체는 알지 못했다. 주변 환경이 청결하지 못하면 눈에 보이지 않는 병원균이 증식한다는 사실은 현대에 와서 비로소 상식으로 자리

잡았다. 그런 사실을 몰랐던 시대에 환자의 데이터만 가지고 올바른 길로 이끌 수 있었던 것은 그가 통계학자였기 때문이다. 통계학을 잘 사용하면 설령 배후에 있는 메커니즘은 모르더라도 쓸 만한 가설을 만들어 낼 수 있다.

신약의 임상 시험 절차

현대의 통계학 응용 사례로 신약의 검증 과정을 살펴보자. 신약 개발은 시간도 오래 걸리고 비용 또한 수백억 엔에 이른다. 그만큼 막대한 시간과 자금을 투자하는 데다 인체에 사용하는 것이기 때문에 정말 효능이 있는지 신중하게 검증해야 한다. 그래서 채택된 방법이 '무작위 대조 시험'이다. 이 시험에서는 환자를 무작위로 두 집단으로 나눠 한쪽에는 신약을, 다른 한쪽에는 신약과 똑같이 생긴 위약을 처방한다. 참고로 위약은 인체에 무해한 포도당을 사용하는 경우가 많다.

굳이 한 집단을 더 만들어 위약을 처방하는 이유는 유효 성분이 들어 있지 않은데도 약이라고 믿으면 정말 증상이 개선되는 경우가 있기 때문이다. 이런 현상을 '플라세보 효과'라고 하는데, 일부 환자에게 발생한다고 알려져 있다. 약은 많든 적든 부작용을 동반하므로 증상 개선 효과가 플라세보 효과와 비등비등한 수준이라면 굳이 신약을 복용할 필요가 없다. 그래서 위약을 처방받은 집단과 진짜 신약을 처방받은 집단의 경과를 대조함으로써 신약의 효과를 검증하는 것이다.

그러나 결과 비교는 그리 간단하지 않다. 사람마다 체질이나 체력이 달라서 효과 있는 약을 처방받아도 회복이 더딘 사람이 있는 한편, 위약을 처방받았는데도 빠르게 회복되는 사람이 있다. 개개인의 차이까지 고려하여 정말 효과가 있다고 판단하려면 어떻게 해야 할까? 이때 등장하는 것이 통계학이다. 구체적인 예를 통해 어떻게 하는지 알아보자.

〔예제〕 신약의 임상 시험

신종 바이러스 감염증을 치료하는 신약이 개발되어 임상 시험을 시작했다. 환자의 동의를 얻어 100명의 환자를 50명씩 두 집단으로 나눠 한쪽에는 신약을, 다른 한쪽에는 신약과 똑같이 생긴 위약을 처방했다. 신약을 처방받은 집단은 위약을 처방받은 집단보다 평균 2일 먼저 증상이 개선되었다. 신약은 효과가 있다고 말할 수 있을까?

이 시험 결과로 신약의 효과를 검증하려면 어떻게 해야 할까? 먼저 '신약과 위약의 효과는 차이가 없다'라는 가설을 세운다. 신중한 판단을 요구하므로 일부러 주장하는 바와 반대되는 가설을 세우는 것이다. 통계학에서는 주장하는 바와 반대되는 가설을 **귀무가설(歸無假說)**이라고 부른다. 속내를 말하자면 주장과 반대되는 가설은 하루빨리 폐기되어 무(無)로 돌아가게 하고 싶을 것이다. 그래서 귀무가설이라고 한다. 여기서는 '신약과 위약의 효과는 차이가 없다'라는 가설이 귀무가설이다. 한편 귀무가설과 대립 관계에 있는, 진짜 자신이 주장하는 바는 **대립가설(對立假設)**이라고 한다. 여기서 대립가설은 '신약과 위약의 효과는 차이가 있다'라는 가설이다.

신약과 위약의 효과가 똑같다고 한다면 두 집단 간 회복 기간의 차이는 0이 되어야 할 것이다. 하지만 앞서 말했듯이 회복 기간에는 개인차가 있으므로 시험 결과는 0으로 나오지 않는다. 문제는 2일이라는 간격을 약효에는 차이가 없으나 우연히 발생한 간격으로 볼 수 있느냐다.

이것을 확인하기 위해 통계학을 활용한다. 신약을 처방받은 집단을 '신약 집단', 위약을 처방받은 집단을 '위약 집단'이라고 하자. 회복 기간의 분포는 **그림 1-11**처럼 나타났다. 신약 집단과 위약 집단의 회복 기간은 평균 2일만큼 차이가 나므로 그것을 세로로 된 파선(破線)으로 표시했다. 그래프를 보면 분포가 대부분 겹쳐 있어서 이 2일간의 차이가 신약의 효과로 인해 발생한 건지 한눈에 판단하기 어렵다. 그래서 통계학을 활용한 계산이 필요하다.

피험자는 전체 환자의 극히 일부에 불과하다. 이번 임상 시험에 참여한 100명이 아닌 다른 100명을 선정하여 똑같은 임상 시험을 하면 또 다른 결과가 나올지도 모른다. 새로 100명

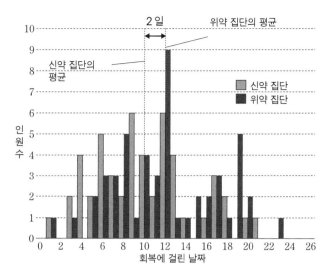

그림 1-11 회복 기간의 분포

(실제 시험 데이터가 아닌 가상 데이터)

을 선정하면 그 사람들은 종전의 100명과는 다른 특성을 가져서 평균 회복 기간이 달라지기 때문이다. 그래서 2일이라는 차이가 그런 우연적 요인에 의해 발생한 차이인지 판단할 필요가 있다.

우연적 요인으로 인해 어느 정도까지 차이가 발생할 수 있는지 알고 싶다면 신약 집단에도 위약을 처방해서 평균 회복 기간의 차이를 비교하는 '더미 시험'을 몇만 번 실행하여, 그 중 몇 번이나 2일 이상 차이가 발생하는지 알아내는 방법도 있다. 즉, 2일 이상의 차이가 우연히 발생할 확률을 직접 밝혀내는 것이다. 그러나 이 방법은 현실적으로 불가능하기 때문에 우리는 통계학을 이용한다. 통계학의 놀라운 점은 이런 미련한 방법에 의존하지 않고도 계산을 통해 우연한 차이가 발생할 확률을 구할 수 있다는 점이다.

두 집단의 평균 회복 기간에 우연한 차이가 발생할 확률을 **그림 1-12**처럼 계산할 수 있다. 어디까지나 우연에 의한 차이이며, 신약과 위약의 효과에는 차이가 없다(신약은 효과가 없다)고 가정한 상태라는 것을 잊으면 안 된다. 우연한 차이가 발생할 확률은 회복 기간 데이터를 통계학 공식에 대입해서

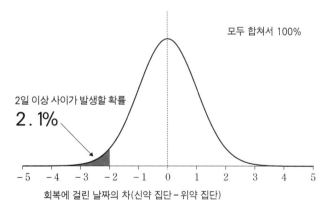

그림 1-12 평균 회복 기간에 우연한 차이가 발생할 확률
(그림 1-11의 가상 데이터를 토대로 작성)

구하는데, 여기서는 자세히 다루지 않는다.

간략하게 설명하자면 신약 집단, 위약 집단 각각의 회복 기간이 분산된 정도(명백하게 우연에 의한 것)를 알고 있으니 이를 통해 우연에 의한 평균 회복 기간의 분산된 정도를 구할 수 있다는 것이다.

그림 1-12는 신약과 위약의 효과가 같은데도 우연에 의해 차이가 발생할 확률을 나타낸 것이다. 산 모양 그래프가 확률의 분포를 보여 준다. 그리고 가로축은 회복에 걸린 날짜의 차(신약 집단−위약 집단)를 나타낸다. 값이 양수면 위약 집단이 우연히 일찍 회복했다는 뜻이고, 음수면 신약 집단이 우연히 일찍 회복했다는 뜻이다. 원래 차이는 0이라고 가정했으므로 차이가 0인 지점에서 확률의 산이 가장 높다. 반대로 차이가 벌어질수록 확률은 낮아지며, 4일 이상 차이가 날 가능성은 거의 없다는 것을 확인할 수 있다.

이 분포에 의하면 2일 이상의 차이가 우연히 발생할 확률은 2.1%로 계산된다. 요점은 신약과 위약 사이에 회복 기간 차이가 없다고 가정할 경우, 임상 시험에서 2일이나 차이가 발생할 확률은 2.1%에 불과하다는 점이다.

이 말의 의미를 구체적으로 설명하면 다음과 같다. 만약 정말로 이 같은 임상 시험을 매번 다른 피험자 100명을 대상으로 1만 번 실행한다고 해도, 오로지 우연에 의해 2일 이상의 차이가 나타나는 횟수는 단, 210회(전체의 2.1%)밖에 안 된다는 뜻이다. 우연히 2일 빨리 회복할 확률은 단, 2.1%인데도 임상 시험에서는 평균적으로 2일 빨리 회복했으니 이것은 우연이 아니라 약의 효과라는 결론을 내릴 수 있다.

물론 우연에 의해 2일의 차이가 발생할 확률은 0%가 아니라 2.1%다. 우연에 의해 2일의 차이가 발생했을 가능성도 분명히 있다. 하지만 판단이라는 것은 언제나 틀릴 가능성이 존재한다. 그러므로 이를 감수하고 딱 잘라 결론 지을 필요가 있다.

그래서 통계학에서는 확률에 관한 판단 기준을 미리 정해 놓고 그 수준보다 확률이 낮으면 가설을 버린다는 규칙을 설정한다. 대체로 5%를 기준으로 삼으므로 여기서도 5%를 판단 기준으로 하겠다. 그러면 '신약과 위약의 효과는 차이가 없다'라는 귀무가설은 성립할 확률이 2.1%, 즉 5% 이하이므로 버리고, 대립가설인 '신약과 위약의 효과는 차이가 있다'를 채택한다. 이 임상 시험 결과에 의하면 제약회사의 노력은 빛을 본 것이다.

꼭 의료 분야가 아니더라도 통계학의 응용 사례는 여기에다 적지 못할 정도로 많다. 통계학의 큰 틀이나 다른 여러 가지 응용 사례는 **제5장**에서 자세히 설명한다.

수학적 사고란 무엇인가

여기까지가 수학을 지탱하는 사대천왕의 개요다. 인간이 직면하는 수많은 문제에 문과와 이과가 각기 전혀 다른 방식으로 접근하는 듯이 보일 수도 있다. 하지만 그 기저에 존재하는 사고방식에는 공통점이 있다. 수학적 사고는 아래와 같이 비즈니스적 사고에 극한의 치밀함을 곱한 것이다. 수식처럼 표현하면,

수학적 사고
　　= 비즈니스적 사고 × 극한의 치밀함

이렇다고 한다.

제2장부터는 각 사대천왕의 정체를 차례차례 밝혀 나간다. 그리고 이들의 핵심적인 발상을 하나씩 머릿속에 심는다. 이 책을 끝까지 다 읽으면 수학의 큰 틀이 눈에 보이기 시작할 것이다. 그리고 수학 용어와 수학적 사고에도 익숙해져서 세상의 변화를 지금까지와는 다른 관점으로 보게 될 것이다.

사대천왕 중에서도 특히 대수학은 기본 중의 기본이다. 대수학을 알아야 다른 사대천왕도 이해할 수 있다.

그래서 제2장에서는 대수학을 먼저 설명하려고 한다.

제 2 장

대수학(代數學)

가설을 세워
수수께끼를 푸는 수학

함수를 자유자재로 쓰려면

제2장에서는 첫 번째 수학 사대천왕, 대수학을 낱낱이 파헤친다. 제1장에서 설명했듯이 대수학은 숫자로 가설을 명확하게 만드는 방법론이다. 그럼 대수학을 이용해서 가설을 세우려면 구체적으로 어떻게 해야 할까? 열쇠는 변수와 함수라는 개념이다. 이쯤에서 대수학에 관한 용어를 다시 한번 정리해 보자.

⟨**대수학에 관한 용어 정리**(다시 게재)⟩
대수학 : 미지의 숫자를 문자로 치환하여 사고하는 학문
변수 : 문자로 대체된 숫자
함수 : 변수 사이의 관계성

제1장에 나온 광고비 문제에서는 광고비와 월간 이익이 중요한 변수로 등장했다. 그리고 이들의 관계성에 대한 가설을 세워 함수로 표현했다. 변수와 변수를 함수로 연결 지으면 문제의 이면에 숨겨진 메커니즘이 드러나서 해결의 실마리가 보이기 시작한다. 주목할 변수를 결정해서 그 관계성을 함수로 나타내는 것이 대수학에서는 '가설 세우기'에 해당한다. 그렇게 생각하면 함수는 인과관계를 명확하게 하기 위한 것이라고 할 수 있다. 제1장의 문제에서는 '월간 이익 = 500 + 광고

비 × 4'라는 함수를 도출함으로써, 이익이라는 '결과'를 정하는 본질적인 요인이 광고비라는 사실을 알았다. 즉, 함수란 '어떤 결과에 영향을 미치는 요인을 찾아내서 그 인과관계를 명확하게 하는 것'이라고 할 수 있다.

대수학을 더 깊이 있게 이해하기 위해서는 함수를 잘 알아야 한다. 제1장에서는 자세히 다루지 않았지만, 함수에는 여러 종류가 있다. 어떤 주제에 관해서 생각할 때는 어떤 종류의 함수를 적용할 수 있을지 먼저 생각해 보는 것이 중요하다. 상황에 맞는 함수를 찾아내면 주목하고 있는 변수에 어떤 특징이 있는지 알 수 있고, 장차 어떤 추이로 변해 갈지 추측할 수 있다. 이과적 사고를 머릿속에 설치하는 가장 좋은 방법은 구체적인 사례를 떠올리며 생각하는 것이다. 그래서 지금부터 몇 가지 함수를 각각의 응용 사례와 함께 소개하려고 한다.

2-1 일차함수 : 심플 이즈 더 베스트의 대명사

일차함수는 가장 단순한 직선

함수 중에서도 가장 단순해서 '심플 이즈 더 베스트'의 대명사로 불리는 것이 일차함수다. 일차함수란 '$y = \square x + \bigcirc$' 꼴로 나타내어지는 함수를 가리킨다($x \cdot y$는 변수, $\square \cdot \bigcirc$는 상수).

〈일차함수〉

'$y = \square x + \bigcirc$' 꼴을 일차함수라고 한다(단, $\square \neq 0$).

몇 가지 예를 살펴보자. 제1장에서 등장한 함수 중에 '$y = x + 3$'이라는 함수가 있었다. 이것은 일차함수의 일종이다. '$y = \square x + \bigcirc$'의 $\square$에 1, $\bigcirc$에 3을 집어넣으면 '$y = x + 3$'이라는 식이 된다. 광고비를 구하는 문제에서 나온 식③(p.32)도 일차함수다. 여기서 다시 한번 보자.

〈광고비 문제에서 나온 식(다시 게재)〉

월간 이익 = 500 + 광고비 × 4 ⋯⋯⋯⋯③

'$y = \square x + \bigcirc$'라는 기본형과 대응시키면 다음과 같다.

〈식③은 일차함수〉

$y \quad \rightarrow \quad$ 월간 이익

$x \quad \rightarrow \quad$ 광고비

$\square \quad \rightarrow \quad 4$

$\bigcirc \quad \rightarrow \quad 500$

제1장에서 말했듯이 변수를 표시하는 문자는 무엇이든 상관없다. 중학교나 고등학교 교과서를 보면 함수의 일반적인 형태를 나타낼 때 x, y 같은 로마자나 그리스 문자를 사용하는 경우가 많다. 만일 대수학의 발상지가 일본이나 중국이었다면 '갑(甲), 을(乙), 병(丙)' 같은 한자를 쓰는 것이 주류였을지도 모른다.

어쨌든 문자는 무엇이든 상관없다. 중요한 것은 'y = □ x + ○'라는 일차함수의 형태 그 자체다.

'y = □x + ○'라는 수식은 다소 무미건조하게 느껴지지만, 그래프로 그려 보면 일차함수의 특징을 한눈에 알 수 있다. 식③을 그래프로 나타내면 **그림 2-1**과 같다. 광고비가 늘어나는 만큼 월간 이익이 직선적으로 늘어나는 것을 확인할 수 있

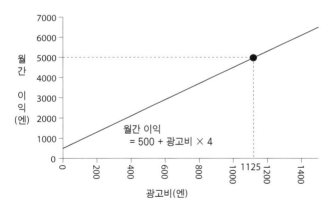

그림 2-1 제1장의 광고비 문제(p.28)의 답을 나타낸 그래프

다. 이처럼 **일차함수의 그래프는 직선**으로 나타난다.

　광고비 문제에서는 1점포당 월 5,000엔의 이익을 얻으려면 월 1,125엔의 광고비가 필요하다는 것을 알아냈다.

　그래프 위에 표시한 검은 점이 문제의 답이다.

　(광고비, 월간 이익) = (1,125, 5,000)

　이처럼 함수를 그래프로 그리면 그 특성을 쉽게 이해할 수 있다.

상품의 원가는 일차함수로 나타낼 수 있다

　일차함수의 응용 사례로는 원가 계산이 있다. 상품의 원가를 계산할 때는 발생하는 비용을 '변동비'와 '고정비'로 나눠서 생각한다. 변동비란 상품의 제조·판매 수량에 비례하여 증감하는 비용을 말하며, 대표적으로 재료비가 있다. 고정비는 제조·판매 수량과는 관계없이 발생하는 비용으로, 가게 임차료나 인건비, 기계 설비 리스 비용 등이 있다. 이렇게 원가를 계산할 때는 비용을 제조·판매 수량에 비례하는 비용(변동비)과 그렇지 않은 비용(고정비)으로 나눠서 생각하는 것이 기본이다. 이 원가, 변동비, 고정비의 관계는 다음과 같이 일차함수로 나타낼 수 있다.

〈원가는 제조·판매 수량에 대한 일차함수로 나타낼 수 있다〉

원가 = 1개당 변동비 × 제조·판매 수량 + 고정비

기본형($y = \square x + \bigcirc$)과 대응시키면 아래와 같다. 여기서 '개당 변동비'와 '고정비'는 변하지 않는 수($\square$, $\bigcirc$)로 취급한다. 그리고 '제조·판매 수량'과 '원가'를 변수(x, y)로 삼는다.

〈기본형과의 대응〉

y → 원가

x → 제조·판매 수량

$\square$ → 1개당 변동비

$\bigcirc$ → 고정비

상황에 따라 고정비는 놔두고 변동비만 고려하기도 한다. 변동비는 제조·판매 수량에 비례하는데, 이 비례 관계는 사실 일차함수의 특이 케이스다. 구체적으로 말하면 '$y = \square x + \bigcirc$'라는 기본형에서 $\bigcirc$가 0인 경우다. 그러면 $y = \square x$ 꼴이 되는데, 이 식은 'y는 x의 $\square$배다'라는 비례 관계를 나타낸다. y가 변동비, x가 제조·판매 수량, $\square$가 상품 1개당 변동비라고 하면, 변동비와 제조·판매 수량의 관계식이 된다.

노벨 경제학상에 빛나는 일차함수

이 일차함수를 사용한 가설 사고로 노벨상을 받은 사례가 있다. 주식 투자 같은 자산 운용에 관한 연구인데, 여기서 잠깐 소개하려고 한다.

주식 투자를 통해 자금을 불리고 싶을 때는 어떤 종목에 얼마를 투자할지 판단하는 것이 성패를 가른다. 왜냐하면 종목에 따라 주가 변동 유형이 다르기 때문이다. 예를 들어 철강·화학·유리 같은 소재 관련주, 공작 기계 같은 설비 투자 관련주 그리고 자동차 관련주는 경기의 영향을 쉽게 받아서 '경기민감주'라고 불린다. 경기가 불황일 때는 설비 투자가 저조해지고 자동차 구매를 미루는 경향이 있어서 실적 악화 우려로 주가가 크게 떨어진다. 반대로 호황일 때는 실적 회복이 기대되므로 주가가 크게 오른다. 이러한 업종은 이렇게 주가 변동이 심한 것이 특징이다. 요령 있게 투자하면 큰 이익을 기대할 수 있지만, 그만큼 위험성도 크다.

반대로 경기의 영향을 잘 안 받는 종목은 '경기방어주'라고 부른다. 주로 식품, 의약품, 전력, 가스 같은 인프라 계열이다. 아무리 불경기라도 아무것도 먹지 않고 필요한 약도 사지 않고 냉장고 콘센트까지 뽑아 가며 절약할 수는 없는 노릇이다. 반대로 경기가 호황이라고 해서 평소 먹던 양의 2배를 먹거나 목욕을 몇 번씩 하는 사람은 드물 것이다. 즉, 이런 인프라 기업의 실적은 경기에 좌우되지 않으므로 주가도 안정적이다. 방어란 공격을 막아 자신을 지키는 것이다. 이런 종목에 투자하면 경기의 거센 파도에 맞서 자신을 지킬 수 있으므로 경기방어주라고 불린다. 주가 변동의 폭이 크지 않고 안전성이 높으나, 큰 이익을 기대하기 어렵다는 특징이 있다.

경기민감주도, 경기방어주도 아닌 그 중간 정도의 변동 폭을 가진 종목도 있다. "그래서 도대체 어디다 투자하라는 거야?"라고 묻는다면 이렇게 답하겠다. 이 세상에 위험 부담 없이 큰 이익을 얻을 수 있는 투자는 존재하지 않는다. 주식 투자는 위험과 보상이 트레이드오프 관계에 있다. 위험성이 낮은 경기방어주 중심으로 투자하면 큰 이익을 내기는 어렵다(저위험 저보상). 큰 이익을 노리고 경기민감주에 투자하면 실패했을 때 큰 손실이 날 가능성이 커진다(고위험 고보상). 따라서 위험과 보상의 균형을 잘 생각해서 투자해야 한다.

이 트레이드오프 관계를 학술적으로 연구한 경제학자가 있다. 그 결과 트레이드오프 관계는 **그림 2-2**처럼 일차함수로 나타내어진다는 사실을 밝혀냈다.

그림 2-2에서 가로축은 주식의 가격 변동 폭을 나타낸다. 대표적인 주가지수(일본 TOPIX 지수, 미국 S&P500 지수 등)의 변동과 비교해서 그 종목의 가격 변동 폭이 몇 배인지를 나타내며, 주가는 매일 달라지므로 일정 기간의 경향을 본

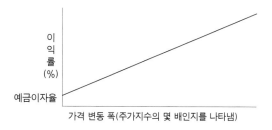

이익률(%)
예금이자율
가격 변동 폭(주가지수의 몇 배인지를 나타냄)

그림 2-2 주식 투자의 위험(가격 변동 폭)과 보상(이익률)의 관계

다. 즉, 주가지수의 변동 폭을 1이라고 할 때 상대적인 변동 폭을 보는 것이다. 가격 변동 폭이 큰 경기민감주는 이 수치가 1.5나 1.8같이 1보다 큰 수로 나타나며, 가격 변동 폭이 작은 경기방어주는 0.6이나 0.8같이 1보다 작은 수로 나타난다. 참고로 자산 운용 전문가는 이 배율을 베타(β)라고 부른다.

그리고 세로축은 그 종목에 투자했을 때 평균적으로 연 몇 퍼센트의 이익을 얻을 수 있는지 나타낸다. 그래프에서 오른쪽 위는 고위험 고보상(경기민감주), 왼쪽 아래는 저위험 저보상(경기방어주), 중앙 부근은 중위험 중보상에 해당한다. 덧붙이자면 그래프 왼쪽 끝 가격 변동 폭이 0인 지점은 '주식에 투자하지 않고 돈을 은행에 예금했을 때'를 나타낸다. 이 경우 주식 투자 자체를 하지 않았으므로 가격 변동은 당연히 0이다. 다만, 은행에 돈을 예금했으니 예금 이자는 들어올 것이다. 그래서 이때 이익률은 예금이자율이 된다.

이처럼 위험과 보상의 트레이드오프가 일차함수로 나타내어진다는 이론은 '자본자산 가격결정 모형(Capital Asset Pricing Model)'으로, 줄여서 CAPM으로 통한다. CAPM은 단순한 경험칙이 아니라 경제학에 기초하여 치밀한 계산으로 도출해 낸 이론으로서 현대 투자 이론의 기초가 되었다. 또 이 트레이드오프는 주식뿐만 아니라 미국 국채나 부동산 등 다른 투자 대상에도 적용할 수 있는 보편적인 관계로 알려졌다.

이처럼 일차함수로 나타낼 수 있었던 것은, 필요한 요소만 뽑아내서 관계성을 명확히 했기 때문이다. 그 계산 과정을 들여다보면 '투자자는 합리적으로 판단을 한다'와 같이 상황을 단순화하는 몇 가지 가정이 있다. 실제로는 투자자가 뭔가를 착각하거나 불안감에 휩쓸려 합리적으로 판단하지 못하는 일도 매우 다양하지만, 대수학에서는 그런 지엽적인 요인을 최대한 배제하고 변수를 엄선한다. 이렇게 해야 관계식으로 나타낼 수 있다.

CAPM을 제창한 윌리엄 샤프는 이 이론을 시작으로 자산 가격에 관한 연구 업적을 인정받아 1990년 노벨 경제학상을 받았다. 전 세계의 연금 펀드, 자산 운용 회사, 은행 등이 이 이론을 기초로 투자한다. 이 위대한 이론의 핵심은 다름 아닌 일차함수였다.

2-2 이차함수 :
일상생활 속 보이지 않는 조력자

이차함수는 밥그릇 모양

이차함수란 일차함수에 '$\diamondsuit x^2$'을 추가한 것이다($\diamondsuit$는 상수).

〈이차함수〉

'$y = \diamondsuit x^2 + \square x + \bigcirc$' 꼴을 이차함수라고 한다(단, $\diamondsuit \neq 0$).

'$\diamondsuit x^2$'이 추가된 만큼, 일차함수보다 약간 복잡하다. '이차함수'인 이유는 x가 2번 곱해진 항($\diamondsuit x^2$)이 식에 포함되어 있기 때문이다.

이차함수를 그래프로 그리면 그 특징이 더 명확히 보인다. 일차함수는 직선 그래프로 그려지지만, 이차함수는 **그림 2-3** 처럼 밥그릇 모양으로 나타난다. 여기서 주의할 점은 밥그릇 이 바로 놓은 모양과 엎어 놓은 모양, 두 종류가 있다는 점이 다. 정확히 말하면, '$\diamondsuit x^2$' 항의 $\diamondsuit$가 양수면 위쪽 같은 밥그릇 이 되고, 음수면 아래쪽같이 엎어 놓은 밥그릇이 된다.

운동과 밀접한 이차함수

이차함수는 야구나 농구에서 공의 궤도, 자동차 사고, 진자 운동 등 '움직임'에 관한 현상을 이해하는 데 도움이 된다. 일상생활과 밀접하게 연관되어 있어 우리 생활을 보이지 않는 곳에서 뒷받침해 주는 조력자 같은 존재라고 할 수 있다.

그림 2-3에서 아래 그래프를 보면 공을 던졌을 때 공이 날아가는 궤도와 비슷한 모양을 하고 있다. 무언가를 비스듬히 위로 던졌을 때의 궤도를 '포물선'이라고 하는데, 포물선은 이차함수로 나타낼 수 있다. 야구공이나 대포의 탄환처럼 공중

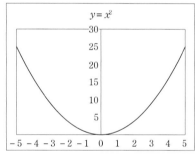

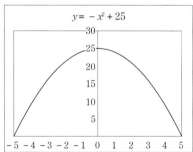

그림 2-3 이차함수 그래프의 예

에 던져진 물체는 이차함수 그래프와 같은 궤도를 그리며 날아간다. 야구 선수가 캐치볼을 할 때도 공은 포물선을 그리며 상대 쪽으로 날아간다. 농구 선수가 던진 슛도 포물선을 그리며 골대로 빨려 들어간다. 대포의 탄도 또한 포물선을 그린다. 참고로 운동과 이차함수의 관계를 처음 발견한 것은 17세기 물리학자 갈릴레오 갈릴레이다.

교통사고와 이차함수

이차함수는 자동차 사고를 이해하는 데도 빼놓을 수 없다. 운전 부주의로 차량이 전봇대나 사람을 들이받을 때 속도가 빠를수록 충돌의 충격도 커진다. 그렇다면 속도와 충격의 크기는 어떤 관계에 놓여 있을까? 이차함수를 이용하면 이 관계를 쉽게 나타낼 수 있다.

자동차가 충돌할 때 충격의 크기는 자동차가 가진 운동 에너지에 비례한다. 그리고 운동 에너지는 다음 식으로 구할 수 있다.

〈자동차 사고 충격 크기를 구하는 식〉

운동 에너지 $= \dfrac{1}{2} \times$ 차량 무게 $\times$ 시속^2

이 식이 이차함수인 이유는 다음과 같이 대응하기 때문이다.

〈자동차 사고 충격 크기를 구하는 식은 이차함수〉

기본형 : $y = ☆x^2 + \square x + \bigcirc$

$y \rightarrow$ 운동 에너지

$x \rightarrow$ 시속

$☆ \rightarrow \dfrac{1}{2} \times$ 차량 무게

$\square \rightarrow 0$

$\bigcirc \rightarrow 0$

차량 무게는 차량 속도와 달리 변하지 않으므로 상수로 간주하여 ☆에 넣을 수 있다. $\dfrac{1}{2}$이 곱해져 있는데 이것은 계산으로 도출한 계수라서 신경 쓰지 않아도 된다.

이 식이 나타내는 사실은 아주 단순하다. 먼저 차량 자체가 무거울수록 충돌했을 때 충격도 커진다. 경차보다 대형 트럭에 치였을 때 피해가 더 심한 것은 이 때문이다. 그리고 주목할 것은 시속^2 부분이다. 시속 50km와 시속 100km를 비교하면 속도는 2배지만 식에는 시속^{2}으로 되어 있으므로 충돌 시 충격의 크기는 4배가 된다. 이차함수의 위력을 알면 제한 속도를 지키며 운전하는 것이 얼마나 중요한지 수학적으로 이

해할 수 있다.

사고 직전 운전자는 아차 하고 브레이크를 밟는다. 이때 자동차는 바로 멈추지 않고 노면에 브레이크의 흔적을 남기는데, 이 흔적을 스키드마크라고 한다. 이 스키드마크를 분석하면 사고를 낸 운전자가 법정에서 진실을 말하는지 거짓을 말하는지 가려낼 수 있다. 스키드마크의 길이는 브레이크를 밟기 직전 차량 속도의 이차함수로서 다음과 같이 나타낼 수 있다.

$$\text{스키드마크의 길이(m)} = \left(\frac{1}{254 \times \text{마찰계수}} \right) \times \text{시속}^2$$

254는 계산으로 도출한 계수다. 마찰계수는 노면이 얼마나 미끄러운지 나타내는 수치로 대략 0.4~0.7 정도의 값을 취한다. 이 식을 사용하면 현장에 남은 스키드마크에서 사고 당시 차량 속도를 산출해 낼 수 있다. 법정에서 운전자가 "제한 속도 40km/h를 지켰습니다"라고 주장해도 스키드마크로부터 역산한 시속이 70km로 나오면 운전자의 거짓말이 들통난다. 이 수식은 교통사고 재판이나 경찰의 사고 감정에 활용된다. 이차함수를 이용한 철저한 논증이 공정한 판결을 끌어낸다.

교통사고에 관한 응용 사례 중 마지막은 운전자가 위험을 감지하고 급브레이크를 밟았을 때, 차량이 완전히 정지하기까지 걸리는 시간 동안 이동한 거리(정지거리)에 관한 것이다. 위험을 감지해도 그 순간에 바로 브레이크를 작동시킬 수는 없다. 액셀 페달에서 발을 뗀다 → 브레이크 페달로 발을 이동한다 → 브레이크를 밟는다. 이 세 단계를 거쳐야 하므로 평균 0.7초 정도가 걸린다. 이 틈에도 차는 계속 앞으로 나아가는데, 이때 이동한 거리를 '공주거리(空走距離)'라고 부른다. 그 후 브레이크를 밟고 정차할 때까지 진행한 거리를 '제동거리(制動距離)'라고 하는데, 이것은 앞에 나온 스키드마크의 길이와 일치한다. 브레이크를 밟은 시점부터 차가 완전히 멈출 때까지 스키드마크가 생성되므로 당연한 일이다. 공주거리와 제동거리를 합치면 정지거리가 되는데, 정지거리는 다음과 같이 시속에 대한 이차함수로 나타낼 수 있다.

$$
\underbrace{\text{정지거리(m)}}_{} = \underbrace{0.2 \times \text{시속}}_{\text{공주거리}} + \underbrace{\left(\frac{1}{254 \times \text{마찰계수}} \right) \times \text{시속}^2}_{\text{제동거리}}
$$

(※공주거리 항의 계수 0.2는 운전자의 반응 시간을 0.7초로 계산했을 때 나오는 수치)

이 식은 '시속²' 항이 존재하므로 시속에 대한 이차함수다. 이 식의 시속 부분에 구체적인 숫자를 넣어 보자. 예를 들어 시속 50km면 공주거리는 10m가 된다(0.2 × 50 = 10). 마른

도로 상태를 가정하여 마찰계수를 0.7로 설정하면 제동거리는 14m로 계산된다($\left(\frac{1}{254 \times 0.7} \right) \times 50^2 = 14$, 소수점 첫째 자리에서 반올림). 따라서 정지거리(공주거리 + 제동거리)는 총 24m다. 즉, 운전자가 위험을 감지한 순간부터 차량이 정지할 때까지 24m나 이동한다는 뜻이다. 만약 시속 100km로 달리고 있었다면 정지거리는 76m나 되었을 것이다.

과속 운전이 위험한 이유를 수학적으로 설명하면 '교통사고에 관한 수식이 속도에 대한 이차함수이기 때문'이다. 시속의 제곱(시속 × 시속) 항이 등장하기 때문에 속도가 빠르면 빠를수록 피해도 극심해진다. 무심코 과속 운전을 하는 사람은 이 장에 나온 수식을 메모지에 적어 차 안에 붙여 두면 도움이 될 것이다.

진자의 운동에 숨겨진 이차함수

이차함수를 이용해 시간을 잴 수도 있다. 요즘은 찾아보기 어려워졌지만, 진자시계도 이차함수를 응용한 것이다. 진자시계는 진자가 왔다 갔다 하는 주기를 이용해서 시간을 재는데, 진자의 길이는 주기(진자가 한 번 왔다갔다하는 데, 걸리는 시간)에 대한 이차함수로 나타낼 수 있다. 구체적으로는 다음과 같다.

진자의 길이(m) = $\frac{1}{4}$ × 주기^2

가령 진자의 길이를 y, 주기를 x라고 한다면 $y = \frac{1}{4}x^2$이 되는데, x^2이 나오므로 이것은 이차함수다. 이 식을 이용하면 주기가 2초인 진자시계를 만들 때 진자의 길이를 1m로 하면 된다는 것을 알 수 있다(식의 '주기' 부분에 2를 넣으면 $\frac{1}{4}$ × 2^2 = $\frac{1}{4}$ × 4 = 1). 이렇게 이차함수는 교통사고 재판이나 시각의 계측 같은 인류의 과업을 보이지 않는 곳에서 뒷받침해 주고 있다.

일차함수, 이차함수는 다항함수의 일종

일차함수, 이차함수, 삼차함수 등을 통틀어 **다항함수**라고 한다. 다항함수의 명명 규칙은 단순하다. 식의 우변에서 변수 x가 가장 많이 곱해진 항을 찾아 그 횟수를 센다. 그것이 2회일 때는 이차함수, 3회일 때는 삼차함수라고 명명한다. 일차함수에서 x가 포함된 항은 '□x'밖에 없는데, 이것은 x가 1회 곱해진 것으로 볼 수 있으므로 일차함수라고 부른다.

수학 용어에서는 변수가 곱해진 횟수를 '**차수**'라고 하며, 가장 많이 곱해진 항의 차수를 '**최고 차수**'라고 한다. 즉, 최고 차수가 1일 때는 일차함수, 2일 때는 이차함수, 이런 식으로 이름을 붙인다. 이를 이해하면 삼차함수의 기본형이 어떤 모습일지 예상할 수 있을 것이다.

〈삼차함수〉

'$y = \diamondsuit x^2 + ♧x^2 + \square x + ○$' 꼴을 삼차함수라고 한다(단, $\diamondsuit \neq 0$).

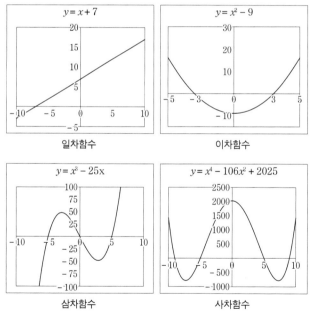

그림 2–4 다항함수 그래프의 예

삼차함수 식의 우변을 보면 x가 가장 많이 곱해진 항은 '◇x^3'이다. 최고 차수가 3이므로 삼차함수라고 부른다. x가 곱해진 횟수가 4회, 5회 …… 100회로 늘어나면 사차함수, 오차함수 …… 백차함수처럼 똑같은 규칙으로 이름을 붙인다. 이들은 그래프의 모양도 같이 알아 두면 효과적이다. **일차함수는 직선, 이차함수는 밥그릇(한 번 휘어진 곡선), 삼차함수는 두 번 휘어진 곡선, 사차함수는 세 번 휘어진 곡선이다. 그리고 오차함수, 육차함수로 차수가 늘어남에 따라 휘어진 횟수가 1회씩 늘어난다**(예외도 있지만 대략적인 이미지로 이해하면 된다).

다항함수 중에서 일차함수와 이차함수는 친숙한 응용 사례가 많은데 삼차함수부터는 그런 사례가 별로 없어서 전문적인 이야기로 넘어갈 수밖에 없다. 그래서 이 책에서는 지면 관계상 생략하지만 삼차 이상의 함수도 수학, 공학, 물리학 등 다양한 분야에서 중요한 역할을 한다는 말을 남기고 싶다.

2-3 지수함수 : 인류를 쥐락펴락하는 스피드광

코로나-19 사태로 알려진 무서운 개념

다음으로 폭발적인 변화를 이해하는 데 빼놓을 수 없는 **'지수함수'**를 알아보자. 우리가 맞닥뜨리는 급격한 변화의 배후에는 지수함수가 숨어 있는 경우가 많다. 코로나-19 사태나 기술적 특이점 등 변화의 속도가 유난히 빠른 일의 중심에는 지수함수가 있다. 지수함수는 이른바 인류를 쥐락펴락하는 "스피드광" 같은 존재다.

도라에몽으로 이해하는 지수함수

지수함수가 어떤 개념인지 더 자세히 살펴보자. 지수함수는 곱셈을 깊이 연구한 끝에 탄생한 함수다. 본격적으로 설명하기 전에 몸풀기로 도라에몽의 비밀 도구 '2배로'를 등장시켜보자. 2배로는 액체로 된 약으로, 어떤 물건에 끼얹으면 그 물건의 개수가 5분마다 2배로 늘어나는 도구다. 주인공 노진구가 도라에몽에게 크림빵을 먹어도 먹어도 사라지지 않게 하는 방법이 있냐고 묻자 도라에몽은 이 2배로를 건네준다. 그래서 크림빵에 뿌렸더니 크림빵이 증식해서 처음에는 기뻐하지만, 나중에는 다 먹지도 못할 만큼 많아져서 쓰레기통에 버리고 만다. 이 사실을 안 도라에몽은 몹시 허둥지둥한다. 과연 도라에몽은 왜 당황했을까?

크림빵이 얼마나 빠르게 증식하는지 구체적으로 살펴보자. 처음 1개였던 크림빵은 5분 뒤에 2개로 늘어난다. 그리고 10분 뒤에는 2개의 크림빵이 각각 2개로 분열하여 총 4개($2 \times 2 = 4$)가 된다. 15분 뒤에는 4개의 크림빵이 각각 2개로 분열하여 총 8개(2 × 2 × 2 = 8)가 된다.

8개 정도는 혼자서도 먹을 수 있지만, 그다음부터가 문제다. 5분 지날 때마다 크림빵은 16개, 32개, 64개 이렇게 2배로 증식하므로 그 개수가 급격히 증가한다. 계산해 보면 단 2시간 반 만에 약 10억 개로 늘어나고 5시간 뒤에는 100경 개를 가볍게 돌파한다(경은 1 뒤에 0이 16개 붙는 수다). 노진구배에 다 들어가지 못하는 것은 물론이고 지구 전체를 뒤덮을수도 있는 양이다.

크림빵이 급속도로 불어나는 것은 조금 생각해 보면 당연한 일이다. 크림빵이 4개밖에 없을 때는 2배를 해도 4개에

경과 시간	크림빵 개수	개수 (지수 표기)
두 배로를 뿌린 순간	1	1
5분 뒤	2	2
10분 뒤	4	2^2
15분 뒤	8	2^3
……	……	……
2시간 반 뒤	1,073,741,824	2^{30}
……	……	……
5시간 뒤	1,152,921,504,606,846,976	2^{60}

표 2-5 크림빵의 증가 추이

증가하지 않는다(총 8개). 그러나 크림빵이 100경 개에 달하면 100경 개가 더 늘어나서 약 200경 개가 된다. 늘어나는 양이 늘어나므로 급격히 숫자가 커지는 것이다.

크림빵의 증가 추이를 **표 2-5**에 정리했다. 이렇게까지 급격하게 숫자가 커지면 자릿수가 너무 많아져 규모를 파악하기 어렵다. 이럴 때 편리한 표기법이 있는데, **표 2-5**의 맨 오른쪽 열같이 곱한 횟수를 오른쪽 어깨 위에 표기하여 수치를 표현할 수 있다. 이러한 표기법을 '**지수 표기**'라고 한다. 지수 표기에서는 곱해지는 수를 '**밑**', 곱한 횟수를 나타내는 오른쪽 어깨 위 숫자를 '**지수**'라고 부른다. 예를 들어 1,073,741,824는

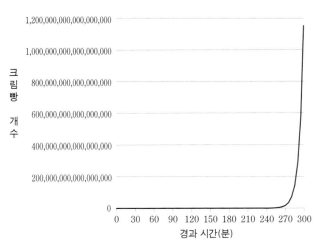

그림 2-6 크림빵은 몇 개로 늘어날까?

지수 표기로 나타내면 2^{30}이 되는데, 이 경우 밑은 2, 지수는 30이다.

그래프를 보면 상황이 더 일목요연해진다. **그림 2-6**은 개수 증가를 그래프로 나타낸 것이다. 처음에는 완만한 변화를 보이지만, 중간부터 경사가 가팔라지면서 급격히 증식하는 모습을 볼 수 있다. 도라에몽은 이 사실을 알았기 때문에 당황해서 허둥지둥 크림빵을 로켓에 밀어 넣고 우주 저편으로 날려 버린 것이다.

이제 증식하는 규칙이 명확히 밝혀졌으므로(5분에 2배) 크림빵 개수를 수식으로 나타낼 수 있다. 과연 어떤 수식이 만들어질까? 개수를 경과 시간이라는 변수에 대한 함수로 간주하여 식을 만들어 보자. 5분이 지날 때마다 2를 곱하므로 □분 뒤에는 2가 $\frac{\square}{5}$ 번 곱해지는 셈이다. 이를 앞에서 나온 지수 표기를 사용해서 다음과 같이 나타낼 수 있다.

〈크림빵 개수〉

개수 $= 2^{\frac{경과\ 시간(분)}{5}}$

이처럼 지수 부분이 변수인 함수를 **지수함수**라고 한다. 조금 딱딱하고 재미없는 이름이라고 생각할 수도 있다. 일차함수, 이차함수도 그렇지만 수학에는 딱딱한 용어가 많아서 더 어려운 인상을 준다. 2배로 함수, 도라에몽 함수, 크림빵 함수 같은 이름이었다면 더 친근하게 느껴졌을 텐데, 아쉽게도 그렇게 재미있는 이름이 붙여지지는 않았다.

지수함수의 기본형은 다음과 같다.

〈지수함수의 기본형〉

$y = \bigcirc \times \square^x$ (단, $\bigcirc > 0$, $\square > 0$, $\square \neq 1$)

앞서 설명했듯이 $\square$ 부분은 '밑', 어깨에 얹어진 x는 '지수'라고 한다. x가 늘어나면 $\square$가 곱해지는 횟수가 늘어나므로 y는 급격히 불어난다. 이렇게 급격하게 불어나는 것이 지수함수의 특징이다. 참고로 $\square \neq 1$인 이유는, 1은 몇 번을 곱해도 1이므로 $\square = 1$이면 함수로서의 의미가 없기 때문이다.

크림빵 개수를 구하는 식도 지수함수이므로 기본형과 대응시키면 다음과 같다.

〈크림빵 개수를 구하는 식과 기본형의 대응〉

기본형 : $y = \bigcirc \times \square^x$

$y \quad \rightarrow \quad$ 개수

$x \quad \rightarrow \quad$ 경과 시간(분)/5 ……지수

$\bigcirc \quad \rightarrow \quad$ 1 ……최초 개수

□ → 2 ······밑

크림빵 개수의 식을 비롯한 지수함수의 특징은 처음에는 천천히 늘어나다가 얼마 안 가 급격히 늘어난다는 점이다. 가장 단순한 함수인 일차함수와 비교하면 그 특징을 더 쉽게 이해할 수 있으므로 **그림 2-7**에 두 그래프를 겹쳐 놓았다. 일차함수는 '$y = 2x$', 지수함수는 '$y = 2^x$'의 그래프인데, 이들은 어떤 느낌인지 파악하기 위한 예시일 뿐이다. 다른 식이어도 상관없지만 결과는 비슷할 것이다. x가 증가할 때, 처음에는 지수함수와 일차함수의 차이가 크지 않으나 중간부터 급격히 간격이 벌어지는 모습을 확인할 수 있다.

지수함수 그래프와 같이 급격한 변화를 '지수함수적 변화'라고 부르기도 한다. 인간이 지수함수적인 변화에 맞닥뜨리

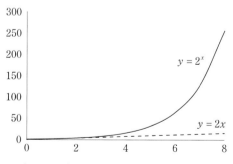

그림 2-7 일차함수와 지수함수의 비교

면 당황하는 이유는, 인간은 변화를 직선적(일차함수적)으로 예상하기 때문이다. 무의식중에 현재의 기세가 앞으로도 계속 이어질 것으로 생각해서 어떤 현상이 지수함수적으로 기세가 급변하면 예상과의 괴리가 커져 당황하고 마는 것이다.

지수함수는 '로그 눈금 그래프'로 보면 이해하기 쉽다

지수함수는 추이가 너무 급격히 증가해서 통상적인 그래프로는 경향을 파악하기 어렵다는 문제가 있다. 그래서 보통 지수함수를 더 쉽게 이해하기 위해 만들어진 그래프를 사용한다. **그림 2-8**에 그 그래프를 실어 놓았다. 이것은 앞서 나온

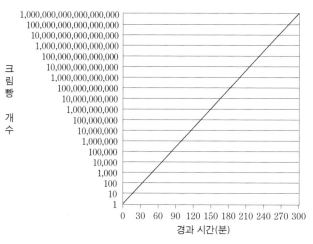

그림 2-8 크림빵 개수 증가 추이를 세미 로그 그래프로 나타낸 것

크림빵 개수의 추이 그래프인데, 세로축의 눈금 설정 방식이 다르다.

세로축에는 같은 간격으로 눈금이 그려져 있는데, 잘 보면 눈금이 하나씩 올라갈 때마다 자릿수가 하나씩 늘어난다. 이처럼 자릿수의 증가를 동 간격의 눈금으로 표시하는 것을 '**로그 눈금**'이라고 하며, 로그 눈금을 사용한 그래프를 '**로그 눈금 그래프**'라고 한다.

로그라는 단어가 처음 등장했는데, 이것은 지수의 별명이다. 거듭제곱한 값이 아니라 거듭제곱한 횟수, 즉 지수를 주인공으로 하고 싶을 때 로그라고 부른다. 명칭을 아예 바꿈으로써 개수가 몇 개냐가 아니라 몇 배씩 증가하느냐에 주목하고 있다는 사실을 알려 준다.

로그 눈금으로 표시하면 그래프의 인상이 확 바뀐다. 로그 눈금을 사용하면 지수함수가 직선으로 보이기 때문이다. 지수함수는 배로 증가하는 함수다. 그 특징에 맞춰 로그 눈금으로 표시한 축을 보면 눈금이 배로 증가하는 것을 확인할 수 있다. 이 예시에서는 가장 작은 눈금이 1이고 거기서 한 칸 올라갈 때마다 10배가 된다. 지수함수의 특성에 맞춰 눈금 자체를 배로 늘어나게 설정했기 때문에 여기서는 지수함수가 직선으로 보이는 것이다. 다만, 실제로 직선이 된 것이 아니라 그렇게 보이도록 눈금을 조정한 것이므로 주의해야 한다.

그림 2-8에서는 한쪽 축(세로축)만 로그 눈금으로 되어 있지만, 어떤 데이터나 현상을 다루느냐에 따라 양쪽 축 모두 로그 눈금인 그래프를 사용할 때도 있다. 한쪽 축만 로그 눈금으로 된 경우는 '세미 로그 그래프', 양쪽 축 모두 로그 눈금인 경우는 '로그-로그 그래프'로 구별해서 부르기도 한다. 따라서 그림 2-8은 세미 로그 그래프라고 할 수 있다.

인구 폭발을 예견한 맬서스

지수함수에 기초한 가설 사고를 통해 다가올 미래를 예견한 사람이 있다. 경제학자 토머스 로버트 맬서스는 1798년에 발표한 저서 《인구론》에서 인구가 지수함수적으로 증가할 것을 예견했다. 그의 주장을 간단히 정리하면 다음과 같다.

어떤 해의 인구 증가 수는 그해 출생자 수에서 사망자 수를 뺀 것이다. 출생자 수는 '출생률×그해 인구'라고 볼 수 있다('그해 인구'란 그해 초에 집계한 인구를 가리킨다). 한편 사망자 수는 '사망률×그해 인구'로 구할 수 있다. 맬서스는 이를 바탕으로 다음과 같은 가설을 세웠다.

〈인구 증가 수를 구하는 식(맬서스의 가설)〉
그해 인구 증가 수
= 출생률 × 그해 인구 − 사망률 × 그해 인구

= (출생률 − 사망률) × 그해 인구

이 식을 보면 인구 증가 수는 그해 인구에 '출생률−사망률'을 곱한 값으로 되어 있다. 즉, 맬서스의 가설을 한마디로 정의하면 '인구 증가 수는 인구에 비례한다'라고 할 수 있다. 이 전제를 바탕으로 하면 출생률이 사망률을 웃도는 한, 인구는 지수함수적으로 증가한다. 왜 그렇게 되는지 계산해 보자(복잡한 계산을 좋아하지 않는다면 건너뛰어도 상관없다). 올해 인구는 국세조사 등을 통해 이미 밝혀졌을 테니 미래의 인구를 추산해 보자. 먼저 맬서스의 가설을 이용해서 올해의 인구 증가 수를 구하는 식을 만든다.

올해 인구 증가 수 = (출생률 − 사망률) × 올해 인구

이 식을 이용해서 내년 인구를 계산해 보자.

내년 인구 = 올해 인구 + 올해 인구 증가 수
    = 올해 인구 + (출생률 − 사망률) × 올해 인구
             ※맬서스의 가설 이용
    = {1 + (출생률 − 사망률)} × 올해 인구

최종적으로 나온 식을 보면 내년 인구는 올해 인구에 '1 + (출생률 − 사망률)'을 곱한 값이 된다. 즉, 출생률이 사망률보다 높다고 하면 내년 인구는 올해의 '1 + (출생률 − 사망률)'배, 내후년 인구는 내년의 '1 + (출생률 − 사망률)'배 같은 형태가 되어 인구가 거듭제곱으로 급속하게 불어난다. 이처럼 **변수의 증가 수가 그 변수 자체에 비례하는 경우(이 예시에서는 인구 증가 수가 인구 자체에 비례함), 그 변수는 지수함수적인 증가 추이를 보인다.**

맬서스는 다음과 같이 지적했다. "인구는 지수함수적으로 증가하지만, 식량 생산은 지수함수적으로 증가시킬 수 없기 때문에 결국 심각한 식량 부족 현상이 나타날 것이다" 현대 사회가 안고 있는 식량 문제를 18세기 시점에 예견한 것이다.

지수함수를 알면 코로나−19 사태를 이해할 수 있다

지수함수적 변화에 우왕좌왕한 전형적인 사례가 바로 코로나−19 사태다. 실제로 감염자 수가 어떤 추이로 증가했는지 살펴보자.

그림 2-9는 일본과 미국의 코로나−19 감염자 수 추이를 세미 로그 그래프로 나타낸 것이다. 감염이 확산하기 시작한 시점이 각각 다르므로 일본은 2020년 1월 말부터, 미국은 2월 말부터 표시되어 있다. 또 4월 이후로는 각국의 감염 예방 대

책이 효과를 발휘하기 시작하여 상황이 바뀌었으므로 3월 말까지만 그래프에 표시했다.

그림 2-9의 그래프를 보면 얼추 직선 모양으로 뻗어 나가는 것을 볼 수 있다. 감염자 수 추이는 수학적으로 지수함수로 표현되기 때문에 세미 로그 그래프로 나타내면 대충 직선으로 보인다. 감염자 수 추이를 나타내는 수식을 제1장에서 소개했는데, 그 수식을 풀면 감염자 수가 지수함수적으로 불어난다는 결과가 나온다. 자세한 계산은 생략하지만, 왜 지수함수가 되는지 간단히 설명하겠다.

감염자 1명이 다른 사람에게 감염을 전파할 때, 그 평균 인원수를 '재생산 수'라고 한다. 예를 들어 감염자 1명이 평균적으로 2명을 감염시킨다면 재생산 수는 2가 된다. 코로나 감염자가 같은 코로나 감염자를 재생산하는 느낌이다.

사고 실험을 해보자. 재생산 수는 2고 감염되면 평균 5일 만에 다른 누군가에게 감염을 전파한다고 하자. 그러면 감염자 수는 5일마다 2배로 늘어난다. 앞에서 살펴본 크림빵 이야기에서는 개수가 5분마다 2배로 늘어났다. 5분이냐 5일이냐의 차이가 있지만, 일정 기간마다 2배가 된다는 점은 같다. 따라서 감염자 수 추이는 지수함수를 따른다는 가설을 세울 수 있다.

물론 실제 감염자 수 추이에는 여러 가지 요인이 영향을 미친다. 국가의 감염병 대책, 마스크 쓰는 습관, 면역력, 나이 구성, 백신 보급률 등 셀 수 없이 많은 요인이 있다. 하지만 제1장에서 언급했듯이 이과적 사고의 본질은 '심플 이즈 더 베스트'에 있다. 단순하게 생각하면 본질이 눈에 보인다. 감염자 수가 지수함수를 따른다는 가설에 기초하면, 확산이 빠르지 않을 때 대책을 세워 놓아야 사태가 심각해지는 것을 막

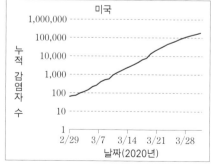

그림 2-9 일본과 미국의 코로나-19 감염자 수 추이(세미 로그 그래프)
(미국 존스홉킨스대학교 데이터를 바탕으로 저자 작성)

을 수 있다. 그래서 각국의 전문가가 경고한 것이다.

당시 일본에서 보도된 내용을 되짚어 보면 2020년 3월부터 '급증'이라는 단어가 많이 사용되었다.

그런데 **그림 2-9**의 그래프를 보면 그보다 더 앞선 2월 중순부터 감염자 수가 지수함수적으로 증가했다는 사실을 알 수 있다. 감염을 경계하는 사람이 적었던 시점부터 지수함수적인 증가가 시작된 것이다.

지수함수로 이해하는 기술적 특이점

급격한 변화의 예로 자주 거론되는 것 중에 기술의 진보가 있다. 컴퓨터의 성능은 하루가 다르게 좋아지고 주위를 둘러보면 스마트폰, 태블릿PC, 노트북 등의 정보기기가 있는 것이 당연한 시대가 되었다. 어린 시절에 흑백 게임보이를 가지고 놀았던 사람으로서 요즘 유행하는 온라인 게임은 격세지감을 느끼게 한다.

이러한 진보는 과연 언제까지 계속될까? 미래학자 레이 커즈와일은 컴퓨터가 기술적 패러다임 전환을 거듭하면서 끊임없이 진보하여 가까운 미래에 인간을 능가할 것으로 예측했다. 그리고 컴퓨터가 인간을 뛰어넘는 시점을 '기술적 특이점'이라고 명명했다.

커즈와일이 근거로 든 것은 정보 기술의 지수함수적인 발전이다. 원래 컴퓨터 분야에는 '무어의 법칙'이라는 것이 있다. 무어의 법칙이란 인텔의 창업자 고든 무어가 1965년에 제창한 가설로, '집적회로의 밀도는 2년마다 2배로 증가한다'라는 내용이다. 1년 반마다 2배가 된다는 설도 있지만, 본질적인 차이는 없으므로 여기서는 2년에 2배라고 하겠다. 집적회로에 관해 잘 모르더라도, 컴퓨터의 심장부로써 계산을 실행하는 회로가 가득 들어 있는 부분이라고 이해하면 된다. 이 집적회로의 밀도가 높을수록 컴퓨터의 계산 능력이 향상된다.

무어의 법칙은 크림빵의 증가 추이와 비슷하다. 5분에 2배냐, 2년에 2배냐의 속도 차이가 있을 뿐, 일정 기간마다 배로 늘어나는 점은 똑같다. 2년에 2배라는 것은 가히 엄청난 속도다. 2를 20번 곱하면 1,048,576이므로 40년 만에 약 1백만 배가 된다.

그림 2-10은 무어의 법칙을 나타낸 그래프로, 무어가 1965년 발표한 논문에 게재된 것이다. 가로축은 연대, 세로축은 집적회로의 밀도로, 숫자가 클수록 밀도가 높다. 세로축은 조금 어려운데, 눈금이 하나씩 올라갈 때마다 2배가 되는 로그눈금이다. 컴퓨터 분야에서는 십진법보다 이진법을 사용하는 일이 많아서 그렇게 설정되어 있다. 세로축이 배로 늘어나기 때문에 이것은 세미 로그 그래프다. 세미 로그 그래프에서 직선으로 보인다는 것은 지수함수적으로 증가한다는 의미다.

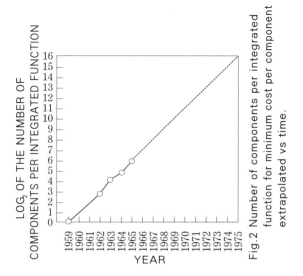

그림 2-10 무어의 법칙을 나타낸 그래프 (1965년 무어의 원논문에서 발췌, https://www.chiphistory.org/20-moore-s-law-original-draft-1965)

　이 그래프를 보고 '점이 겨우 다섯 개밖에 없네?'라고 생각할 수도 있다. 실제로 무어가 이 논문을 집필한 시기는 컴퓨터의 여명기였고, 데이터도 충분하지 않았다. 하지만 무어는 이 몇 안 되는 데이터를 함수에 집어넣어 가설을 세움으로써 이후에 컴퓨터가 급속도로 발전할 것이라 예언했다. 지수함수를 사용한 이 가설 사고는 커즈와일이 계승하여 기술적 특이점이라는 개념을 만들어 냈다.

지수함수는 '감소'하는 상황에도 쓸 수 있다

지금까지 지수함수는 급격한 증가를 나타낸다고 설명했는데, 물론 감소를 나타낼 때도 있다. '$y = \bigcirc \times \square^x$'이라는 기본형에서 $\square$가 1보다 작으면 그렇게 된다. 예를 들어 $\square$가 $\frac{1}{2}$이라고 하면 $\square^2 = \frac{1}{4}$, $\square^3 = \frac{1}{8}$ ...... 이런 식으로 x가 커질수록 $\square^x$은 작아지므로 감소를 나타내게 된다.

이것은 원전 사고 피해를 이해하는 데 중요한 열쇠가 된다. 2011년 후쿠시마 원자력발전소에서 사고가 발생했을 때, 처음에는 방사성 물질의 일종인 요오드−131에 의한 오염이 대대적으로 보도되다가 점차 세슘−137 등 다른 방사성 물질이 화두에 오르기 시작했다.

왜 시간이 지나면서 주목하는 방사성 물질이 바뀌었을까? 여기에는 지수함수가 얽혀 있다.

방사성 물질은 계속 같은 양의 방사선을 방출하는 것이 아니라 시간의 경과에 따라 방출하는 방사선량이 감소한다. 그 기준을 세우기 위해 방사선량이 절반으로 줄어드는 데 걸리는 시간을 '반감기'라고 부른다. 즉, 반감기가 지나면 방사선량은 $\frac{1}{2}$이 되고 반감기의 2배의 시간이 지나면 방사선량은 $\frac{1}{4}$이 된다. 따라서 방사선량은 다음과 같이 지수함수로 나타낼 수 있다.

〈방사성 물질이 방출하는 방사선량의 식〉

방사선량 = 사고 직후의 방사선량 $\times \left(\dfrac{1}{2}\right)^{\frac{경과\ 시간}{반감기}}$

(※'경과 시간은 사고 발생 직후부터 경과한 시간을 의미한다)

방사성 물질의 종류에 따라 반감기는 크게 달라진다. 요오드-131의 반감기는 고작 8일이지만, 세슘-137의 반감기는 30년이나 된다. 이 점에 주목하면 앞서 말한 뉴스 보도의 수수께끼가 풀린다. 일반적으로 원전 사고가 발생한 직후에는 요오드-131이 가장 많이 방출되고, 세슘-137의 방출량은 상대적으로 더 적다. 그러나 요오드-131의 반감기는 8일이므로 요오드-131의 방사선량은 약 3개월 뒤에 $\dfrac{1}{1000}$ 이 된다(2^{10} = 1,024이므로 80일이면 $\dfrac{1}{1024}$ 이 된다). 한편 세슘-137의 방사선량은 30년이 지나야 겨우 반으로 줄어든다. 방사선량이 좀처럼 줄어들지 않으므로 시간이 지날수록 세슘이 문제가 되는 것이다.

2-4 로그함수 : 숫자의 마법사

매그니튜드가 1 증가하면 약 31.6배

마지막은 아주 큰 수와 아주 작은 수를 다루는 데 편리한 **로그함수**다. 여러 가지 현상을 이해하거나 계산할 때, 일상에서는 좀처럼 보기 힘든 아주 큰 수나 아주 작은 수를 다뤄야

하는 경우가 있다. 예를 들어 지진의 규모는 지진파로 인해 발생하는 에너지의 크기에 의해 결정되는데, 그 에너지는 어마어마하게 커서 전문가가 아닌 이상 수치가 잘 와닿지 않는다. 에너지의 크기는 줄(joule)이라는 단위로 표시하며, 1줄은 1kg의 쇠공을 10cm 높이에서 떨어뜨렸을 때의 충격과 같다. 거대 지진에서 발생하는 에너지의 크기는 어마어마하게 크다. 1923년 관동대지진 때는 추정 약 44,700,000,000,000,000 줄(4.47경 줄)의 에너지가 발생했다. 2011년 동일본대지진 때는 약 2,000,000,000,000,000,000줄(200경 줄)의 에너지가 발생했다고 추정된다. 그러나 이 수치만으로는 단위가 지나치게 커서 쉬이 감이 오지 않을 것이다.

그래서 지진의 규모를 나타낼 때는 엄청난 자릿수의 에너지를 1~10 정도의 숫자로 치환한 '매그니튜드'라는 단위를 사용해서 알기 쉽게 표기한다. 매그니튜드가 1 증가하면 에너지는 약 $10^{1.5}$배 = 약 31.6배 커지고, 2 증가하면 에너지가 10^3 = 1,000배 커진다(정확한 계산은 나중에).

이와 반대로 산성·중성·염기성이라는 성질은 수용액에 들어 있는 수소이온의 농도에 따라 정해지는데, 일반적으로 농도가 아주 낮아서 숫자로 나타내면 잘 와닿지 않는다. 그래서 아주 작은 숫자인 수소이온 농도를 'pH(피에이치 또는 페하)'라는 단위로 바꿔 1~10 정도의 숫자로 알기 쉽게 표기한다.

pH가 1 증가하면 수소이온의 농도는 10분의 1이 된다.

극단적으로 큰 숫자나 극단적으로 작은 숫자를 우리에게 익숙한 1~10 정도의 숫자로 바꾸려면 어떻게 해야 할까? 이때 사용하는 것이 바로 로그함수다. 로그함수를 이해하기 위해 앞서 지수함수 편에서 나온 '지수 표기'를 다시 살펴보자. 크림빵 개수를 나타낼 때 지수 표기를 이용하니 깔끔하게 나타낼 수 있었다. 즉, 아주 큰 수는 지수 표기를 이용하면 보기 좋게 나타낼 수 있다. 그렇다면 어마어마하게 큰 숫자가 눈앞에 나타났을 때, 그것을 단숨에 지수 표기로 바꿔 주는 함수가 있다면 편리하지 않을까? 예를 들어 아주 큰 수를 $2^{\square}$이라는 지수 표기로 나타내고 싶을 때, 지수 부분의 $\square$를 도출하는 함수가 있으면 편리하다.

이 지수 $\square$가 몇인지를 알려 주는 것이 로그함수다. 즉, 로그함수는 아주 큰 숫자나 아주 작은 숫자를 1~10 사이의 친숙한 숫자(지수)로 바꿔서 알기 쉽게 만들어 주는 마법사 같은 함수다.

로그함수가 어떤 것인지 구체적으로 알아보자. 로그함수는 다음과 같이 log라는 기호를 사용해서 표기한다. log는 로가리듬(logarithm)의 앞 세 글자를 딴 것이다. 참고로 이 단어는 16세기 수학자 존 네이피어가 고안한 것으로, '말'을 뜻하는 logos와 '수'를 뜻하는 arithmos를 합쳐서 만든 조어다.

'수를 말하는 자'라는 의미가 아닐까?

〈로그함수의 기본형〉

$y = \log_\Box x \quad \Leftarrow \quad$ 의미 : x는 $\Box^y$이다

(단, $\Box > 0$, $\Box \neq 1$, $x > 0$)

이 기본형은 지수 y를 주인공으로 하여 만든 식으로, $y =$ ……의 꼴을 취한다는 점이 특징이다. '2–3 지수함수' 편에서 설명했듯이 지수를 주인공으로 하고 싶을 때는 로그라는 별명으로 부른다.

기본형만 봐서는 이해하기 어려우니 구체적인 예를 생각해 보자. 8은 2^3이므로 $\log_2 8 = 3$이다. 100은 10^2이므로 $\log_{10} 100 = 2$가 된다. 이렇게 지수를 앞으로 꺼내는 것이 로그함수다.

로그함수는 지수함수와 한 세트다. 똑같은 내용을 지수함수로 표기해 보자.

〈똑같은 내용을 지수함수로 표기하는 경우〉

$x = \Box^y \quad \Leftarrow \quad$ 의미 : x는 $\Box^y$이다

두 수식은 완전히 같은 의미다. 다만 지수함수와 로그함수는 구하려는 대상이 다르다. 지수함수는 $x = \Box^y$라고 표기하는 데서 알 수 있듯이 좌변의 x, 즉 수 그 자체를 구하는 함

수다. 한편 로그함수는 $y = \log_\square x$라고 표기하는 데서 알 수 있듯이 좌변의 y, 즉 수를 지수 표기로 나타냈을 때 지수를 구하는 함수다. log는 그 어원대로 그 수를 지수 표기로 나타내면 어떻게 되는지 말해 주는 '수를 말하는 자'인 것이다.

지수함수와 로그함수가 한 세트라는 사실을 체감하려면 그래프를 보는 것이 가장 빠르다. **그림 2-11**에 $y = 2^x$과 $y = \log_2 x$의 그래프를 실어 놓았다. 두 식의 의미를 풀어 쓰면 다음과 같다.

$y = 2^x$: y는 2^x이다

$y = \log_2 x$: x는 2^y이다

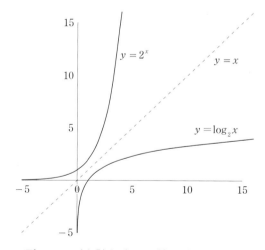

그림 2-11 지수함수와 로그함수의 그래프

이처럼 두 식은 x와 y의 위치만 반대인 똑같은 식이다. 한쪽 그래프에서 x축과 y축을 바꾸면 정확히 다른 한쪽과 같아진다는 뜻이다. 그래서 두 식의 그래프는 $y = x$ 선으로 종이접기 하듯이 접으면 완전히 겹쳐진다.

지수함수와 로그함수는 한 세트로, 수 그 자체에 주목하느냐 지수에 주목하느냐에 따라 구별해서 쓴다. 각각 장점이 있으므로 두 가지 모두 중요한 함수로서 다양한 분야에서 활약하고 있다.

지진의 규모를 알아보기 쉽게 나타내려면

큰 숫자를 알아보기 쉽게 바꾼 예로 지진의 규모를 나타내는 매그니튜드를 다시 한번 살펴보자. 매그니튜드는 로그함수를 사용하여 다음과 같이 정의할 수 있다.

〈매그니튜드의 계산식〉

매그니튜드 $= -3.2 + \dfrac{2}{3} \times \underset{\uparrow}{\underline{\log_{10}\text{에너지}}}$

에너지는 10의 몇 제곱인가?

식 안에서 3.2를 빼거나 $\dfrac{2}{3}$ 를 곱하는 것은 전문적인 영역이니 그냥 넘어가도 된다. 중요한 것은 '$\log_{10}$에너지' 부분이다. 이 부분은 에너지가 10의 몇 제곱인지 구하는 부분이다.

가령 에너지가 100만 줄이라면, 100만은 10의 6제곱이므로 '$\log_{10}$에너지'는 6이 된다. 이처럼 '$\log_{10}$에너지'는 에너지의 크기를 거듭제곱으로 표기했을 때의 지수 부분에 해당하므로 에너지 크기 자체보다 훨씬 작은 수치로 나타난다. 이 식을 적용해서 계산하면 관동대지진은 매그니튜드 7.9, 동일본대지진은 매그니튜드 9가 된다.

산성·중성·염기성을 알아보기 쉽게 나타내려면

작은 숫자도 지수 표기를 이용해 알아보기 쉽게 나타낼 수 있다. 산성, 중성, 염기성이라는 말을 들어 봤을 것이다. 이들은 수용액의 성질을 나타내는 말로 수돗물은 중성, 레몬즙은 산성, 비눗물은 염기성과 같이 분류할 수 있다. 세제의 액성을 표시하는 말로도 쓰여서 보통 세제 용기의 라벨에 큰 글씨로 적혀 있다.

이 산성·중성·염기성은 수용액에 포함된 수소이온의 농도에 따라 정해진다. 수소이온의 농도가 높으면 산성, 낮으면 염기성으로 분류한다. 수소이온 농도는 'mol/l(몰퍼리터)'라는 다소 생소한 단위로 표시한다. 대략적인 이미지로 1mol/l는 물 1l에 약 1g의 수소이온이 들어 있는 상태를 나타낸다. 그램이 아니라 몰이라는 단위를 사용하는 데는 복잡한 이유가 있지만, 설명하자면 길어서 지금은 생략한다.

그림 2-12 pH 값도 지수 표기의 일종

예를 들어 불순물이 거의 없는 순수한 물(초순수)의 수소이온 농도는 0.0000001mol/*l*다. 레몬즙의 수소이온 농도는 약 0.01mol/*l*다. 물보다 레몬즙의 수소이온 농도가 높으므로 레몬즙은 산성도가 높다고 할 수 있다. 다만 0이 너무 많으면 한눈에 알기 어렵다. 그래서 쉽게 알아볼 수 있도록 지수 표기를 사용하는 것이다. 단, 수소이온 농도는 1보다 작은 수치로 나타나기 때문에 지수 표기로 바꾸려면 약간의 요령이 필요하다.

1보다 작은 수를 거듭제곱으로 나타낼 때, **지수는 음수가 된다.** 예를 들어 '10^{-3}'은 '$\frac{1}{10^3}$', 즉 0.001을 의미한다. 지수는 원래 '거듭제곱한 횟수'를 나타내는 것이다. 다만 지수 표기를 더 편리한 도구로 만들기 위해 1보다 작은 수에도 적용할 수 있도록 정의를 확장한 것이다.

이를테면 10을 거듭제곱하는 경우, 10을 곱할 때마다 지수가 1씩 증가한다. 반대로 생각하면 $\frac{1}{10}$ 배 할 때마다 지수는 1씩 감소한다고 볼 수 있다. 그렇다면 10^0은 10^1의 $\frac{1}{10}$이므로 1, 10^{-1}은 10^0의 $\frac{1}{10}$이므로 $\frac{1}{10}$이다. 이런 식으로 지수가 음수인 경우를 계산할 수 있다.

〈1보다 작은 수의 지수 표기〉

$10^2 = 100$

$10^1 = 10$

$10^0 = 1$

$10^{-1} = \dfrac{1}{10} = 0.1$

$10^{-2} = \dfrac{1}{10^2} = \dfrac{1}{100} = 0.01$

$10^{-3} = \dfrac{1}{10^3} = \dfrac{1}{1000} = 0.001$

$\dfrac{1}{10}$

$\dfrac{1}{10}$

$\dfrac{1}{10}$

$\dfrac{1}{10}$

$\dfrac{1}{10}$

지수가 0일 때, 즉 $\square^0$의 형태일 때는 $\square$가 무엇이든 항상 $\square^0 = 1$이 된다는 점을 주의해야 한다. 3^0도 5^0도 7^0도 10^0도 모두 1이다.

조금 의아할 수도 있지만, 그렇게 정의해야 '지수가 1씩 증가할 때마다 $\square$배가 된다'라는 지수 표기의 본질적인 규칙이 지켜진다. 지수를 음수의 영역까지 확장한 것처럼 수학에서는 일상적으로 쓰는 계산에서 본질만 뽑아내서 그것을 확장한 사례가 많다.

음수 지수를 사용하여 앞에 나온 수소이온 농도를 나타내 보자. $0.0000001\,\text{mol}/l$는 지수 표기로 나타내면 $10^{-7}\,\text{mol}l$가 된다. 레몬즙의 농도 0.01mol/l는 10^{-2}mol/l로 나타낼 수 있다. 수소이온 농도가 1mol/l보다 큰 수치로 나오는 일은 무척 드물어서 지수는 기본적으로 음수가 된다. 단, 마이너스 부호가 계속 붙어 있으면 거추장스러우니 떼어 버리는 게 깔끔하지 않을까? 그렇게 생각한 덴마크 화학자 쇠렌 쇠렌센은 1909년에 다음과 같은 지표를 제창했다.

$$pH = -\log_{10}\text{수소이온 농도}$$

pH는 'power of Hydrogen'의 머리글자를 딴 것으로 power는 지수, Hydrogen은 수소를 의미한다. '수소(이온 농도)의 지수'라는 뜻이다. 식을 보면 알 수 있듯이 pH는 수소이온 농도의 로그함수로 정의된다. 물의 pH를 실제로 계산해 보자.

〈물의 pH를 계산하라〉

$$pH = -\log_{10}0.0000001 \qquad \Leftarrow \text{물의 수소이온 농도는 } 0.0000001\text{mol/}l$$

$$= -\log_{10}10^{-7} \qquad \Leftarrow \text{지수 표기로 변경한다}$$

$$= -(-7) \qquad \Leftarrow \text{로그함수를 사용하여 지수 부분을 앞으로 꺼낸다}$$

$$= 7$$

즉, pH란 수소이온 농도의 지수 부분을 부호만 반전시킨 것이다. 그냥 물이 pH = 7로 중성이고, 여기서 수소이온 농도가 10배 높아질 때마다 pH는 1씩 작아지고 산성도가 높아진다. 반대로 수소이온 농도가 10분의 1이 될 때마다 pH는 1씩 커지고 염기성이 강해진다.

곱셈을 덧셈으로 바꾸는 마법

로그함수에는 또 하나 숨겨진 능력이 있다. 그것은 곱셈을 덧셈으로 바꾸고 나눗셈을 뺄셈으로 바꾸는 마법이다. 다음과 같이 log의 진수가 ♤와 ◇의 곱셈으로 되어 있을 때, $\log(♤ \times ◇)$는 $\log♤$와 $\log◇$의 합이 된다. 이는 $x^3 \times x^2 = x^{3+2}$처럼 곱셈이 지수의 덧셈으로 나타내어지는 것과 같은 원리다. log의 진수가 ♤와 ◇의 나눗셈으로 되어 있을 때, $\log(♤ \div ◇)$는 $\log♤$와 $\log◇$의 차가 된다. 이 또한 $x^3 \div x^2 = x^{3-2}$처럼 나눗셈이 지수의 뺄셈으로 나타내어지는 것과 같은 원리다.

〈곱셈 → 덧셈〉

$\log_{\square}(♤ \times ◇) = \log_{\square}♤ + \log_{\square}◇$

⟨나눗셈 → 뺄셈⟩

$\log_\square(\diamondsuit \div \diamondsuit) = \log_\square\diamondsuit - \log_\square\diamondsuit$

이런 관계가 성립하는 이유를 더 자세히 알아보자. 지수 표기에서 곱셈은 지수의 합, 나눗셈은 지수의 차가 된다. $2^4 \times 2^3 = 2^{4+3} = 2^7$과 같이 거듭제곱 수는 지수 부분을 더해서 곱셈을 실행할 수 있다. 나눗셈은 $2^4 \div 2^3 = 2^{4-3} = 2^1$과 같이 지수 부분의 뺄셈을 통해 실행된다. log는 지수를 앞으로 끄집어내는 함수이므로 곱셈이 덧셈으로, 나눗셈이 뺄셈으로 바뀌는 것이다.

보통 곱셈, 나눗셈보다 덧셈, 뺄셈이 계산하기 쉬우므로 로그함수는 계산을 편리하게 하는 도구로 사용된다. 이를테면 자율주행차의 AI가 센서 데이터로부터 차의 위치를 계산할 때 '베이즈 추론'이라는 기법을 사용하는데, 이 계산 기법은 아주 많은 횟수의 곱셈을 요구한다. 이때 로그함수를 이용해 곱셈을 덧셈으로 변환함으로써 계산의 부담을 줄이는 기술이 사용된다.

곱셈을 덧셈으로 변환하여 문제를 푸는 것이 어떤 느낌인지 예제를 통해 구체적으로 알아보자. 단, 이 예제는 계산이 다소 복잡하므로 세세한 부분은 넘겨도 상관없다.

〔예제〕 업계 1위의 꿈

업계 2위 기업 B사는 업계 1위인 A사의 매출액을 뛰어넘겠다는 야망을 품고 있다. B사 사장은 경리 부장인 당신에게 '향후 10년 안에 A사의 매출액을 따라잡으려면 연 몇 %의 성장이 필요한지 계산하라'라는 지시를 내렸다. 현시점에서 A사의 매출액은 B사의 2배다. 또 지난 10년간의 재무제표를 분석해 보니 A사의 매출액은 평균적으로 연 2%의 성장률을 보였다. 따라서 향후 10년 동안에도 연 2%씩 성장한다고 가정했다. B사는 연 몇 % 성장해야 10년 안에 A사를 따라잡을 수 있을까?

먼저 제1장에서 풀어 본 조리사와 아르바이트생의 시급 문제와 같은 방법으로 '아는 체'를 하며 식을 세워 보자. 현재 모르는 것은 B사의 성장률이므로 이것을 x로 둔다. A사의 직전 연도 매출액은 'B사의 직전 연도 매출액×2'이며 연 2%, 즉 1년에 1.02배 성장하므로 10년 뒤에는 '1.02^{10}배가 될 것이다. 따라서 A사의 10년 뒤 매출액은 'B사의 직전 매출액 × 2 × 1.02^{10}'이 된다. 한편, B사의 10년 뒤 매출액은 직전 매출액의 'x^{10}'배이므로 'B사의 직전 매출액 × x^{10}'이 된다. 10년 뒤에 B사가 A사를 따라잡는다고 하면 다음과 같은 식이 성립한다.

B사의 직전 매출액 $\times$ x^{10}

$\qquad$ = B사의 직전 매출액 $\times$ 2 $\times$ 1.02^{10}

양변을 'B사의 직전 매출액'으로 나누면 다음과 같은 식이 된다.

x^{10} = 2 $\times$ 1.02^{10}

요는 이 식이 성립하는 x값을 구하는 것이다. 다만 곱셈이 많아서 계산이 번거로울 수도 있다. 이럴 때 곱셈을 덧셈으로 바꾸는 로그함수의 마법이 필요하다. 약간 기술적인 조작이 되겠지만, 양변에 로그를 취한다.

$\log_{10} x^{10}$ = $\log_{10}(2 \times 1.02^{10})$

앞의 진수는 곱셈으로 되어 있으므로 곱셈을 덧셈으로 바꾸는 마법을 부려 덧셈으로 바꾼다.

$\log_{10} x^{10}$ = $\log_{10} 2$ + $\log_{10} 1.02^{10}$

그리고 x^{10}은 x를 10회 제곱한 것이므로 $\log_{10} x^{10}$은 $\log_{10} x$

를 10회 더한 것과 같다(이것도 곱셈을 덧셈으로 바꾸는 마법이다). 마찬가지로 $\log_{10}1.02^{10}$은 $\log_{10}1.02$를 10회 더한 것과 같다. 따라서 식을 다음과 같이 바꿔 쓸 수 있다.

$$10\log_{10}x = \log_{10}2 + 10\log_{10}1.02$$

양변을 10으로 나누면 다음과 같이 된다.

$$\log_{10}x = \frac{\log_{10}2 + 10\log_{10}1.02}{10}$$

이쯤에서 약간 이상함을 느낀 사람도 있을 것이다. $\log_{10}2$는 풀어 쓰면 '2는 10의 몇 제곱인가?'가 되는데, 애초에 2는 10보다 작으므로 10을 1회 곱한 시점에서 이미 2를 초과해 버린다. 그러나 사실 지수는 1, 2, 3…… 같은 정수뿐만 아니라 그 사이의 값을 취하는 것도 가능하다. 예를 들어 $10^{0.5}$은 2회 곱하면 10이 되는 수를 나타낸다. $10^{0.5} \times 10^{0.5} = 10^{0.5+0.5} = 10^1$이 된다. $10^{0.25}$은 4회 곱하면 10이 되는 수를 나타낸다. $10^{0.25} \times 10^{0.25} \times 10^{0.25} \times 10^{0.25} = 10^{0.25 + 0.25 + 0.25 + 0.25} = 10^1$이 되는 것이다. 이처럼 "지수 표기한 수의 곱셈은 지수 부분의 덧셈"이라는 원칙만 지키면 지수가 정수 이외의 값을 취하는 것도 가능하다.

$\log_{10}2$나 $\log_{10}1.02$가 어떤 숫자인지는 구글 선생님께 질문하면 알려 준다. 구글 검색창에 '계산기'라고 입력하면 구글 계산기가 나오는데, 여기에 'log(2)'라고 치면 $\log_{10}2$를 계산해 준다. 결과는 0.3010이다(소수점 다섯째 자리에서 반올림, 이하 동일). 즉, 10의 0.3010제곱은 2가 된다는 뜻이다. 마찬가지로 'log(1.02)'라고 치면 $\log_{10}1.02$를 계산해 주는데, 0.0086이라는 결과가 나온다. 즉, 10의 0.0086제곱은 1.02라는 뜻이다. 이 결과를 식에 대입하여 계산하면 다음과 같다.

$$\log_{10}x = \frac{0.3010 + 10 \times 0.0086}{10} = 0.0387$$

이제 log는 할 일을 마쳤으니 제거해 보자.

$$x = 10^{0.0387}$$

마무리도 구글 선생님의 힘을 빌린다. 구글 계산기에 '$10^{0.0387}$'을 입력해 보자('x^y' 버튼을 누르면 지수를 입력할 수 있다). 그러면 $10^{0.0387} = 1.0932$라는 것을 알 수 있다. 최종적인 답은 '$x = 1.0932$'다. 연 9.32%씩 매출액을 성장시키면 10년 뒤에는 A사를 따라잡을 수 있다. 어느 업계냐에 따라 다르지만, 업계 1위의 성장률이 2%라고 할 때 그 5배에 가까운 성장률을 10년간 유지하기란 쉽지 않아 보인다.

2-5   그래프 모양에서 아이디어를 얻어라

인간의 욕망을 함수로 나타낸 사례──한계 효용 체감의 법칙

지금까지 다양한 함수를 살펴보았다. 각 함수는 그래프로 그려 보면 그 특징이 더 잘 드러난다. 각 함수의 세세한 정의를 모두 외우지는 못하더라도, 함수마다 그래프의 대략적인 모양을 기억해 두면 좋다. 여러 함수의 그래프 모양을 머릿속에 넣어 두면 '이 상황에는 이 함수를 활용할 수 있지 않을까?' 하고 직감적으로 깨닫게 되기 때문이다.

그래프 모양에서 아이디어를 얻은 예로 경제학 이야기를 빼놓을 수 없다. 경제학이라고 하면 어떤 이미지가 떠오르는가? 이름 있는 대학교에는 반드시 경제학부가 있고, 노벨상에도 경제학 부문이 있을 정도로 고상한 학문이라는 이미지인데, 그런 학문의 대전제가 되는 가설의 존재를 알고 있는가?

그 가설은 바로 이것이다.

'물건의 가격은 소비자가 얼마나 만족하느냐에 따라 정해진다' 경제학에서는 소비자의 만족도를 '효용'이라고 하며, 이것을 함수로 나타낸다. 물건의 가격은 이 효용을 토대로 결정된다. 이 가설을 '효용가치설'이라고 한다.

효용가치설의 기본적인 접근 방식을 알아보자. 경제학에서는 인간에게 만족을 가져다주는 것을 '재화'라고 부른다. 예를 들어 치킨과 맥주는 재화의 일종이다. 또 자동차나 가전제품도 인간에게 정신적, 물질적 만족감을 주므로 재화라고 할 수 있다. 관광이나 의료 같은 서비스도 재화에 속한다. 효용가치설에서는 재화를 소비하면 만족도, 즉 효용이 높아진다고 여긴다. 따라서 인간의 만족도를 **그림 2-13**과 같은 함수로 나타낸다.

한 회사원이 퇴근 후 호프집에서 치킨을 먹는 상황을 떠올려 보자. **그림 2-13**의 가로축은 먹은 닭 다리 개수, 세로축은 효용을 나타낸다. 닭 다리를 먹을 때마다 만족도가 높아지는 것을 확인할 수 있다. 그런데 닭 다리 1개째와 2개째를 비교해 보면 효용 상승 폭이 줄어든 것을 볼 수 있다. 10개째는 9개째보다 한층 더 효용의 상승 폭이 줄어든다. 20개, 30개로 늘어날수록 효용의 상승 폭은 점점 더 작아진다.

이처럼 같은 재화를 계속 소비하면 만족감이 점점 줄어드는 것이 인간의 특성이다. 소비량이 증가함에 따라 효용의 상승 곡선이 완만해지는 성질을 경제학에서는 '**한계 효용 체감의 법칙**'이라고 부른다. 여기서 **한계 효용**이란 소비량을 한 단위(닭 다리로 치면 한 개) 늘렸을 때의 효용 상승 폭을 의미한다. 소비량이 증가함에 따라 한계 효용이 체감(점점 줄어든다는 뜻)하기 때문에 이런 이름이 붙여졌다.

그림 2-13의 그래프는 사실 로그함수다. 로그함수와 인간의 욕망이 도대체 무슨 상관인가 싶지만, 여기서는 로그함수 그래프의 '모양'을 이용하는 것뿐이다. 로그함수 그래프는 x값이 커질수록 y값의 증가 추이가 점점 완만해지기 때문이다(**그림 2-11** 참조). 이런 성질 때문에 로그함수로 한계 효용 체감의 법칙을 나타낼 수 있다.

효용이 항상 로그함수로만 나타내어지는 것은 아니다. 효용을 나타내는 데 사용하는 함수의 종류는 상황에 따라 다르다. 로그함수뿐만 아니라 증가세가 점점 완만해지는 함수라면 효용을 나타내는 함수의 후보가 될 수 있다.

경제학에서의 응용 사례는 지금까지의 접근 방식과는 조금

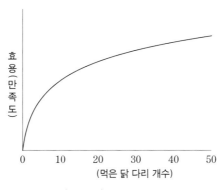

그림 2-13 효용(만족도)의 체감을 수치화한 그래프

달라서 이해하기 어려울 수도 있다. 요점은 그래프의 '모양'을 적절히 활용했다는 것이다. 다른 예로 위성 방송 수신이나 천체 관측에 쓰이는 파라볼라 안테나는 이차함수 그래프 같은 포물선 모양을 하고 있다. 이는 안테나를 포물선 모양으로 만들면 전파를 쉽게 모을 수 있기 때문이다(왜 그런지 수학적으로 증명할 수 있으나 계산이 복잡하므로 생략한다). 이처럼 다양한 함수의 그래프 모양을 알면 함수를 응용하는 데 큰 도움이 된다.

2-6 선형대수학 : 수많은 변수를 모아서 요리한다

CG 영상의 무수한 점(변수)도 다룰 수 있는 도구

제2장 대수학의 마지막을 장식하기 위해 약간의 심화 과정을 준비했다. 지금까지 나온 여러 가지 함수의 응용 사례는 등장 변수가 겨우 몇 개 정도였다. 하지만 실제 비즈니스에서는 처리할 변수가 1,000개, 10,000개를 넘어가는 사례도 드물지 않다.

예를 들어 게임에서 CG 캐릭터를 움직이게 한다고 하자. CG 영상은 원래 컴퓨터 화면상의 점(픽셀)으로 이루어져 있다. 무수히 많은 점이 모여 선이 되고 선을 조합하여 입체(폴

리곤)를 만드는 식으로 구성된다. CG 영상이 움직일 때, 즉 변화할 때는 컴퓨터 화면상에 나열된 수많은 점의 색이 서로 연동하며 변화한다. 그 결과 CG 캐릭터가 움직이는 듯이 보이는 것이다.

컴퓨터 내부에서는 색을 수치로 변환하여 관리한다. 그래서 CG 캐릭터가 움직이는 영상이 흘러나올 때, 컴퓨터는 화면상의 각 점에 어떤 수치의 색이 대응하는지 빠르게 계산한다. 그 계산에서는 화면상의 무수한 점 하나하나가 변수다. 그 변수에 어떤 값(색)이 들어가야 하는지 수학적으로 변환하여 풀어 간다.

이처럼 많은 변수를 다룰 때 비슷한 변수끼리 묶어서 한꺼번에 처리하면 수고가 줄어서 편리하다. 그런 방법론을 체계적으로 정리해서 나온 학문이 **선형대수학**이다. 그러므로 선형대수학은 수많은 변수를 한데 모아 요리하는 '수석 요리사' 같은 존재다.

아마 선형대수학이라는 이름을 처음 들어 본 사람도 있을 것이다. 선형대수학은 중학교나 고등학교 수학에서는 나오지 않고 4년제 대학교 이공계 학부에서 1학년 때 배우는 것이 일반적이다. 대학교 수준의 수학이지만 폭넓게 응용되는 중요한 학문이므로 여기서 소개하려고 한다.

선형대수학은 원래 변수가 무수히 많은 상황에서 위력을

발휘하는데, 갑자기 많은 변수가 등장하는 사례를 들고 오면 버거울지도 모르니 우선 변수가 2개인 예로 설명하려고 한다. 제1장에 조리사와 아르바이트생의 시급을 구하는 예제가 있었다. 그 예제와 식을 다시 한번 살펴보자.

〔예제〕 시급은 각각 얼마일까?(제1장에서 발췌)

한 식당에서 주말에는 조리사 5명, 아르바이트생 2명이 일하는데, 모두 하루에 10시간씩 일하고 7명의 하루치 급여는 총 12만 엔(시급으로 환산하면 12,000엔)이다. 평일에는 조리사 2명과 아르바이트생 1명이 모두 10시간씩 일하고 하루치 급여는 총 5만 엔(시급 환산 5,000엔)이다. 조리사와 아르바이트생의 시급은 각각 얼마일까?

〈조리사와 아르바이트생의 시급을 구하는 식〉

$5x + 2y = 12,000$

$2x + 1y = 5,000$　　　(※x는 조리사, y는 아르바이트생의 시급)

이 식에 x^2이나 y^2 같은 항은 없다. 다항함수 편에서 설명했듯이 변수가 곱해진 횟수를 차수라고 하며, 가장 많이 곱해진 항의 차수를 최고 차수라고 한다. 위 2개의 식은 최고 차수가 1이므로 일차함수와 유사하다. 다만, 일차함수처럼 '$y = \cdots\cdots$' 꼴이 아니라 좌변에 복수의 변수가 섞여 있다.

이런 식을 '연립 일차방정식'이라고 부른다.

방정식이란 미지의 변수를 포함한 좌변과 그렇지 않은 우변을 등호로 연결한 식을 말한다. 복수의 식이 연립해 있고 최고 차수가 1이므로 연립 일차방정식이라고 한다.

여기까지 몸풀기였고, 이제 선형대수학 이야기로 들어가 보자. 선형대수학은 아주 많은 변수를 처리해야 할 때 필요하다. 예를 들어 앞에 나온 CG 영상 처리에서는 화면상의 픽셀 하나하나를 변수로 간주하여 각각 어떤 색을 할당할지 계산한다.

각각의 변수(픽셀)는 어디까지나 독립적이지만 적용하는 계산은 모두 공통된다. 모든 변수는 화면상의 픽셀이라는 점에서 한 묶음이므로 같은 화상 처리를 적용해야 하기 때문이다. 이처럼 변수가 아주 많고 이들에 적용하는 계산이 공통되는 경우 선형대수학의 도움을 받을 수 있다.

또 다른 예도 있다. 이 장의 일차함수 편에서 노벨 경제학상에 빛나는 자본자산 가격결정 모형(CAPM, Capital Asset pricing Model)을 소개했는데, 이 논문도 선형대수학을 이용한 계산으로 구성되었다. 금융업계에서는 수없이 많은 종류의 금융 상품이 거래되기 때문이다. 예를 들어 주식도 금융 상품의 일종인데, 일본의 도쿄증권거래소 1부 상장기업만 해도 2,000곳 이상이다. 전 세계로 범위를 넓히면 말 그대로 셀 수 없이 많은 주식 종목이 거래된다. CAPM에서는 이런 금융 상품 하나하나의 수익률을 변수로 하여 이론을 전개하는데, 이 방대한 변수를 선형대수학으로 처리한다. 그 결과로 나온 것이 앞에서 소개한 위험과 보상의 관계가 일차함수를 따른다는 결론이다.

이처럼 아주 많은 동종의 변수를 한데 모아 처리하는 방법은 여러 분야에서 유용하기 때문에 선형대수학이 중요한 것이다.

선형대수학의 표기법과 사고법

그렇다면 선형대수학이 어떤 식으로 문제에 접근하는지 알아보자. 선형대수학에서는 앞서 나온 연립 일차방정식을 일부러 다음과 같이 표기한다.

〈선형대수학에 의한 표기〉

x의 계수 y의 계수

$$\begin{pmatrix} 5 & 2 \\ 2 & 1 \end{pmatrix} \begin{pmatrix} x \\ y \end{pmatrix} = \begin{pmatrix} 12000 \\ 5000 \end{pmatrix}$$

포인트는 두 식을 따로따로 쓰지 않고 묶어서 쓴다는 점이다. 이때 (x, y) 같은 변수와 계수를 분리해서 쓴다. 첫 번째 변수 x의 계수는 1열에, 두 번째 변수 y의 계수는 2열에 쓴다는 규칙이 있다. 이렇게 적으면 앞에서 본 연립 일차방정식과 완전히 같은 뜻이 된다. 오히려 더 알아보기 힘들다고 생각할 수도 있지만, 이렇게 표기하면 어떻게 계산해야 하는지 한눈에 들어온다.

계수만 모아 놓은 맨 왼쪽 괄호에서 왼쪽 위 5는 'x를 5배 해서 더한다'라는 의미다. 오른쪽 위 2는 'y를 2배 해서 더한다'라는 의미다. 즉, 맨 왼쪽 괄호는 변수에 대한 조작을 나타낸다. 정리하면 다음과 같다.

〈선형대수학에 의한 식 표기〉

$$\begin{pmatrix} 조 \\ 작 \end{pmatrix} \begin{pmatrix} 변 \\ 수 \end{pmatrix} = \begin{pmatrix} 결 \\ 과 \end{pmatrix}$$

변수가 증가해도 똑같이 대응할 수 있다. 시급을 구하는 예제를 확장하여 계산원도 등장시켜 보았다.

〔예제-확장판〕 시급은 각각 얼마일까?

한 식당에서 주말에는 조리사 5명, 아르바이트생 2명, 계산원 2명이 일하는데, 모두 하루에 10시간씩 일하고 9명의 하루치 급여는 총 13.6만 엔(시급으로 환산하면 13,600엔)이다. 평일에는 조리사 2명과 아르바이트생 1명, 계산원 1명이 모두 10시간씩 일하고 하루치 급여는 총 5.8만 엔(시급 환산 5,800엔)이다. 공휴일에는 조리사 3명, 아르바이트생 3명, 계산원 3명이 10시간씩 일하고 급여는 총 11.4만 엔(시급 환산 1,140엔)이다. 조리사, 아르바이트생, 계산원의 시급은 각각 얼마일까?

조리사, 아르바이트생, 계산원의 시급을 각각 x, y, z로 치환하여 연립 일차방정식으로 나타내면 다음과 같다.

〈조리사, 아르바이트생, 계산원의 시급을 구하는 식〉

$5x + 2y + 2z = 13,600$

$2x + 1y + 1z = 5,800$

$3x + 3y + 3z = 11,400$

(※x는 조리사, y는 아르바이트생, z는 계산원의 시급)

이 연립 일차방정식을 선형대수학으로 나타내면 다음과 같다(답은 $x = 2,000$, $y = 1,000$, $z = 800$). 변수가 더 많을 때는 같은 방법으로 4열, 5열을 추가해 나가면 된다.

〈선형대수학에 의한 표기〉

x의 계수　y의 계수　z의 계수

$$\begin{pmatrix} 5 & 2 & 2 \\ 2 & 1 & 1 \\ 3 & 3 & 3 \end{pmatrix} \begin{pmatrix} x \\ y \\ z \end{pmatrix} = \begin{pmatrix} 13600 \\ 5800 \\ 11400 \end{pmatrix}$$

원래 식에서는 x, y, z가 섞여 있어서 무슨 뜻인지 알기 어려웠다. 그래서 변수는 변수끼리 묶고 계수는 계수끼리 묶어 변수에 어떤 조작을 가한다는 관점을 반영한 표기로 바꾼 것이다. 선형대수학에서는 조작을 나타내는 부분을 '**행렬**'이라고 부른다. 행렬은 영어로 매트릭스(matrix)인데, 원래는 '모체'라는 뜻이다. 변수에 어떤 조작을 가하는지 그 정보가 행렬에 집약되어 있으므로 이른바 수식의 모체 같은 존재로 볼 수 있다.

이런 표기가 번거롭게 느껴질 수도 있지만, 변수가 100개, 1,000개, 10,000개로 늘어나는 경우 변수가 섞여 있는 연립일차방정식으로 표기하면 무척 알아보기 힘들다. 변수, 조작, 결과를 분리하는 선형대수학의 표기를 이용하면 변수가 많아도 사고를 정리하기 쉬워진다.

선형대수학의 본질은 단지 표기만 바꾸는 것이 아니라 실제로 계산하는 것이다. 선형대수학에는 여러 가지 독자적인 계산 요령이 있는데, 아까처럼 묶어서 표기한 채로 계산을 진행하는 것도 가능하다.

다시 말해, 기존의 연립 일차방정식은 잊어버리고 행렬 표기한 상태로 계산할 수 있다. 연립 일차방정식 상태로 놔두면 변수가 늘어날 때마다 계산이 급격히 복잡해지지만, 선형대수학의 계산 요령을 사용하면 변수가 증가해도 계산에 드는 수고가 그렇게까지 늘지 않는다. 그래서 변수가 많으면 많을수록 계산 효율이 대폭 상승한다. 단, 선형대수학의 구체적인 계산 기술은 상당히 전문적인 내용이라서 이 책에서는 상세하게 다루지 않는다.

AI에도 쓰이는 선형대수학

선형대수학의 응용 사례로 인공지능(AI)의 구조에 관한 이야기를 해 볼까 한다. AI에는 몇 가지 유형이 있는데, 최근 들어 특히 주목받는 것이 '딥러닝'이다. 딥러닝은 인간의 뇌를 전자적으로 모방한 '뉴럴 네트워크'라는 기술을 사용한다. 이 뉴럴 네트워크의 기반이 바로 선형대수학이라서 이에 관해 설명하고자 한다.

인간의 뇌는 뉴런이라는 신경 세포를 통해 전기 신호를 주고받음으로써 정보를 처리한다. 어떤 뉴런은 전기 코드와 비슷한 축삭돌기를 통해 다른 뉴런으로부터 입력 신호를 전달받는다. 이때 모든 입력 신호를 똑같이 취급하는 것이 아니라, 어떤 뉴런에서 온 신호는 중시하고 어떤 뉴런에서 온 신호는 덜 중시하는 식으로 경중을 따져 받아들인다. 인간 사회에 비유하면 스즈키 씨의 정보는 신뢰성이 높으니까 받아들이고, 야마다 씨의 정보는 신뢰성이 낮아서 듣는 둥 마는 둥 하는 느낌이다. 즉, 정보의 원천에 따라 중요도를 책정하는 것이다. 다른 뉴런에서 전달받은 입력 신호의 합계치가 일정 수준 이상으로 강해지면 자기 자신도 전기 신호를 내보낸다. 그렇게 전기 신호가 뉴런에서 뉴런으로 전달된다.

뉴럴 네트워크는 이러한 구조를 컴퓨터상에서 모방한 것이다. 뉴럴 네트워크가 어떻게 정보를 처리하는지 모식도를 **그림 2-14**에 실어 놓았다. 오른쪽에 있는 뉴런 하나는 왼쪽 3개

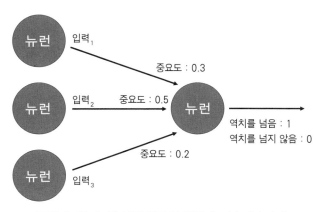

그림 2-14 뉴럴 네트워크의 구조 (그림은 저자 작성)

의 뉴런으로부터 신호를 전달받는데, 그때 어떤 뉴런에서 온 입력이냐에 따라 중요도에 차이를 둔다. 그것이 그림 속에 '중요도'라는 항목으로 수치화되어 있다. 이 숫자가 클수록 그 뉴런에서 온 입력 신호를 중시한다는 뜻이다.

신호를 전달받은 뉴런은 자기 자신도 신호를 전달할지 말지 결정해야 한다. 그때는 받은 신호가 역치를 넘을 정도로 강한지 확인하고 이에 따라 판단한다. 더 구체적으로 말하면, 뉴런이 신호를 내보내는 경우를 1, 내보내지 않는 경우를 0이라고 할 때 다른 뉴런에서 온 신호에 중요도를 반영한 뒤 모두 더해서, 그 합계가 역치 이상이면 자신도 신호를 내보낸다.

역치는 상황에 따라 달라지는데, 예를 들어 0.5라고 하자. 그림에서 입력$_1$ = 0, 입력$_2$ = 1, 입력$_3$ = 1이라는 신호가 들어왔다고 하면 중요도를 반영한 입력의 합계는 $0.7(= 0.3 \times 0 + 0.5 \times 1 + 0.2 \times 1)$이다. 입력 신호의 합계가 역치인 0.5보다 크므로 뉴런은 신호를 내보낸다. 입력$_1$ = 1, 입력$_2$ = 0, 입력$_3$ = 0인 경우, 합계는 $0.3(= 0.3 \times 1 + 0.5 \times 0 + 0.2 \times 0)$이다. 이때는 합계가 역치 이하이기 때문에 신호를 내보내지 않는다.

여기까지만 봐서는 선형대수학과 무슨 연관이 있는지 잘 와닿지 않을 것이다. 하지만 지금까지 한 이야기를 수식으로 나타내면 선형대수학과의 연관성이 명확해진다. 신호의 합계를 '합계$_1$'이라는 변수로 설정하면, 합계$_1$은 다음과 같이 나타낼 수 있다.

합계$_1$ = 0.3 × 입력$_1$ + 0.5 × 입력$_2$ + 0.2 × 입력$_3$

그럼 입력을 받는 뉴런이 하나가 아니라 셋이라면 어떻게 될까? 그림 속 뉴런은 입력$_1$, 입력$_2$, 입력$_3$에 대해 (0.3, 0.5, 0.2)의 중요도를 부여하는데, 새로 추가된 두 뉴런은 각각 (0.7, 0.1, 0.2), (0.3, 0.3, 0.4)의 중요도를 부여한다고 하자. 두 뉴런의 입력 신호 합계를 각각 합계$_2$, 합계$_3$이라고 한다면 다음과 같은 식을 만들 수 있다.

〈뉴럴 네트워크를 연립 일차방정식으로 나타낸 것(예)〉

합계$_1$ = 0.3 × 입력$_1$ + 0.5 × 입력$_2$ + 0.2 × 입력$_3$

합계$_2$ = 0.7 × 입력$_1$ + 0.1 × 입력$_2$ + 0.2 × 입력$_3$

합계$_3$ = 0.3 × 입력$_1$ + 0.3 × 입력$_2$ + 0.4 × 입력$_3$

이것은 연립 일차방정식이다. 즉, 뉴럴 네트워크는 연립 일차방정식으로 나타낼 수 있다. 이 식을 선형대수학의 방식으로 다시 쓰면 다음과 같다.

$$\begin{pmatrix} 0.3 & 0.5 & 0.2 \\ 0.7 & 0.1 & 0.2 \\ 0.3 & 0.3 & 0.4 \end{pmatrix} \begin{pmatrix} 입력_1 \\ 입력_2 \\ 입력_3 \end{pmatrix} = \begin{pmatrix} 합계_1 \\ 합계_2 \\ 합계_3 \end{pmatrix}$$

이 예시에서는 신호를 내보내고 받아들이는 뉴런을 각각 3 개씩으로 설정했으나 실제 뉴럴 네트워크에서는 500개, 1,000 개가 넘는 방대한 뉴런을 사용한다. 그 정도로 많은 뉴런이 얽혀 있으면, 연립 일차방정식을 일일이 세우다가는 날이 새 고 말 것이다. 한편, 변수를 묶음으로 처리하는 선형대수학에 서는 뉴런의 수가 3개든 1,000개든 똑같이 처리할 수 있다.

가설을 변수와 함수로 표현해 보자

이제 머릿속에 대수학이 성공적으로 설치되었다. 가설을 변 수와 함수를 써서 나타내면 인과 관계가 명쾌해지고, 사고 프 로세스도 수학에 기초하여 더 치밀해진다. 자신의 가설을 함 수로 나타낼 수 없다면 아직 수식을 만들 정도로 충분히 궁 리하지 않았다는 뜻이다.

수학으로 생각을 명쾌하게 정리해서 다른 사람을 설득하려 면 우선 대수학을 이해해야 한다. 이 장에서는 세상을 이해 하는 데 도움이 되는 함수, 특히 비즈니스에 도움이 되는 함 수를 엄선하여 압축적으로 전달했다. 사실 세상에는 이 장에서 소개한 함수 말고도 수없이 많은 함수가 존재한다. 여기서 소개한 함수의 응용 사례는 그저 빙산의 일각이며, 실제로는 더 다양한 상황에서 쓰이고 있다는 말을 덧붙이고 싶다.

제2장은 계산식이 많이 등장하는 좌뇌 중심 내용이어서 조금 지쳤을지도 모른다. 그래서 제3장에서는 도형을 다루는 기하학에 관해 이야기해 보려고 한다. 우뇌를 써서 도형을 상상하며 두 번째 사대천왕을 알아가 보자.

제3장

기하학(幾何學)

시각화의 유용성을
보여 주는 수학

3-1 기하학은 삼각형에서 시작한다

삼각형은 도형의 최소 단위

제3장에서는 기하학이라는 학문을 깊이 파헤쳐 본다. 기하학은 형태를 연구하는 학문이지만, 형태가 있는 것뿐만 아니라 데이터같이 형태가 없는 것에도 널리 응용된다. 제1장에서는 육교나 경사로 설계에 삼각함수를 활용한다고 설명했는데, 이것은 형태가 있는 것에 응용한 사례다. 육교나 경사로를 설계할 때는 경사면의 기울기(수평면으로부터 기울어진 정도)를 정하는 것이 중요하다. 그 기울기를 수치화해서 검토하기 위해 경사면을 삼각형의 빗변으로 간주하여 삼각함수로 나타낸다는 이야기였다. 또 형태가 없는 것에 응용한 예로, 직각삼각형에 관한 정리인 피타고라스 정리가 빅데이터 분석에 쓰인다는 이야기도 했다. 피타고라스 정리로 데이터 사이의 거리를 구해 데이터를 분류한다는 내용이었다. 공교롭게도 둘 다 삼각형에 관한 이야기였는데, 이들만 그런 게 아니라 원래 기하학에서는 삼각형이 모든 발상의 기초가 된다.

왜 삼각형이 중요할까? 이는 삼각형이 여러 가지 도형의 기본이기 때문이다. 평면 위에 도형을 그릴 때 적당한 두 점을 골라서 연결하면 선분이 된다. 여기에 점 하나를 더 찍어서 원래 있던 두 점과 연결하면 삼각형이 나타난다. 즉, 삼각형은 도형의 최소 단위라고 할 수 있다. 최소 단위인 삼각형을 깊이 이해하면 다양한 형태를 이해할 수 있다.

그 예로 평면 도형의 내각을 살펴보자. 삼각형의 내각을 모두 더하면 180°가 된다. 그러면 사각형, 오각형, 육각형의 내각의 합은 얼마일까? 참고로 삼각형, 사각형, 오각형, 육각형 등을 통틀어 **다각형**이라고 한다. 따라서 이것은 다각형의 내각의 합을 구하는 문제가 된다.

사실 다각형의 내각의 합은 삼각형의 내각의 합이 180°라는 것만 알면 간단히 구할 수 있다. 예를 들어 사각형은 **그림 3-1**처럼 2개의 삼각형으로 나눌 수 있다. 그러면 내각의 합은 $180° \times 2$이므로 360°다. 오각형 역시 3개의 삼각형으로 나눌 수 있으므로 내각의 합은 $180° \times 3 = 540°$다. 이렇게 각이 하나씩 늘어날 때마다 삼각형이 하나씩 추가되므로 내각의 합은 180°씩 늘어난다. 따라서 다각형의 내각의 합은 다음과 같은 식으로 나타낼 수 있다.

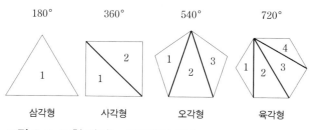

그림 3-1 도형 안에는 삼각형이 있다

다각형의 내각의 합 = (각의 수 − 2) × 180°

예를 들어 구각형은 각의 수가 9개이므로 내각의 합은 (9 − 2) × 180° = 1,260°가 된다.

삼각형의 내각의 합만 알면 모든 다각형의 내각의 합을 구할 수 있다. 삼각형이 도형의 기본이라는 점은 이런 데서 엿볼 수 있다. 여러 도형을 생각할 필요 없이 삼각형만 생각하면 되니까 사고가 절약된다. 이것을 임시로 사고의 절약①이라고 하자.

〈사고의 절약①〉 도형을 삼각형으로 나눠 생각한다.

왜 ①이냐 하면 기하학에서는 또 하나의 사고의 절약(②)이 나오기 때문이다. 이에 관해서는 나중에 설명하겠다.

고대 이집트에서부터 썼던 피타고라스 정리

머리말에서 기하학은 토지 측량으로부터 유래했다고 이야기했다. 토지를 정확하게 구획하고 넓이를 재기 위한 실천적인 지식이 학문으로 승화한 것이다. 고대 이집트에는 '밧줄 측량사'라는 직업이 있었는데, 이들은 밧줄을 사용해서 토지의 경계선을 정하는 일을 했다. 알다시피 이집트 문명은 나일강을 중심으로 발전했는데, 나일강은 정기적으로 범람해서 그때마다 경작지가 쓸려나가 구획을 다시 정해야만 했다. 이때 활약한 사람들이 밧줄 측량사다. 그들은 토지를 깔끔하게 나누는 요령으로써, 밧줄로 정확히 직각을 만드는 법을 알고 있었다. 바로 피타고라스 정리를 응용해서 말이다.

피타고라스 정리는 직각삼각형에서 다음과 같은 관계가 성립한다는 정리다.

$$빗변^2 = 밑변^2 + 높이^2$$

간단한 예로 각 변의 길이가 각각 3cm, 4cm, 5cm인 삼각형은 직각삼각형이 된다. $5^2 = 3^2 + 4^2$이라는 관계가 성립하는 것이 바로 그 증거다. 알기 쉽게 길이의 단위를 센티미터로 했는데, 미터나 킬로미터, 피트여도 상관없다. 어쨌든 세 변의 길이의 비가 3 : 4 : 5인 삼각형은 직각삼각형이 된다.

밧줄 측량사가 피타고라스 정리를 알았던 건 아니지만, 변의 길이를 3 : 4 : 5로 하면 직각삼각형이 만들어진다는 사실은 경험으로 알고 있었다. 이를 토지의 구획에 이용한 것이다. 밧줄에 일정한 간격으로 표식을 남기거나 매듭을 지어 밑변은 네 칸, 높이는 세 칸, 빗변은 다섯 칸으로 해서 삼각형을 만들면 빗변과 마주 보는 각이 직각이 된다. 이 방법을 사용

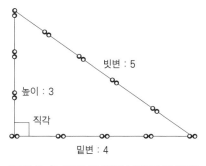

빗변 : 5

높이 : 3

직각

밑변 : 4

그림 3-2 밧줄로 직각삼각형 만들기

하면 넓은 토지를 정확하게 구획할 수 있다.

닮음의 위력

피타고라스 정리를 사용해서 길이를 구하는 문제를 풀어 보자. 동서로 40m, 남북으로 30m인 장방형의 공원이 있다. 이 공원을 대각선으로 가로질러 도로를 내면 도로의 길이는 몇 m가 될까? 이럴 때는 밑변 40m, 높이 30m의 직각삼각형 이 있다고 가정하여 그 빗변의 길이가 도로 길이에 대응한다 고 생각하면 된다. 그러면 피타고라스 정리에 의해 다음과 같 은 관계가 성립한다.

도로 길이^2 = $(30m)^2$ + $(40m)^2$

이 식을 정직하게 풀어도 되지만, 지금까지의 내용을 보면 답은 이미 나와 있다. 이 직각삼각형 또한 높이와 밑변의 비가 3 : 4이므로 아까 나온 3 : 4 : 5 직각삼각형과 같은 비율일 것이다. 즉, 높이 : 밑변 : 빗변 = 3 : 4 : 5이므로 도로 길이는 50m가 된다.

위와 같이 각 변의 길이의 비가 3 : 4 : 5인 직각삼각형의 크기는 아주 다양하다. 처음 등장한 3cm : 4cm : 5cm의 작은 삼각형도 있고 방금 나온 30m : 40m : 50m의 거대한 삼각형도 있다. 물론 더 작은 삼각형(3mm : 4mm : 5mm)이나 더 큰 삼각형(300km : 400km : 500km)도 생각해 볼 수 있다. 이들은 크기만 다를 뿐 모양은 완전히 똑같다. 즉, 확대하거나 축소해서 크기를 맞추면 완전히 겹쳐진다.

이처럼 크기는 다르지만 모양은 같은 도형을 '**닮음**' 관계에 있다고 한다. 닮음은 다른 말로 상사라고도 하는데, 서로 상(相), 닮을 사(似)를 써서 '서로 닮다'라는 의미다. 말 그대로 크기를 제외하면 판박이라는 뜻이다. 이 닮음이라는 개념은 기하학에서 아주 중요하다. 닮음인 도형은 변의 길이의 비 같은 성질이 공통되기 때문이다. 그래서 서로 닮음인 삼각형이 여러 개 있을 때는, 그중 하나만 골라서 변의 길이나 각도를 구하면 다른 삼각형에도 적용할 수 있다. 즉, 나머지는 구할 필요가 없다.

지도 만들기를 가능케 한 삼각형

닮음을 응용한 사례로 지도 제작을 위한 측량을 들 수 있다. 정확한 지도를 만들려면 한 지점에서 다른 지점까지 거리를 정밀하게 측정해야 한다. 오늘날에는 인공위성을 이용한 측량 시스템으로 거리를 측정하지만, 그런 기술이 등장하기 전에는 삼각 측량이라는 기법이 널리 쓰였다. 삼각 측량은 먼저 전국 각지에 삼각점이라는 기준점을 수 km마다 설치한다. 그리고 한 삼각점에 측정기를 놓고 근처에 있는 다른 2개의 삼각점이 보이는 방향의 방위를 정확히 측정한다. 3개의 삼각점을 연결하면 삼각형이 만들어지므로 방위를 측정하는 것은 내각의 크기를 측정하는 것과 같다. **그림 3-3**에 그 예시가 있는데, 삼각점 A에서 방위를 측정한 결과 삼각점 B는 북쪽에, 삼각점 C는 북동쪽에 있었다고 하자. 그러면 세 점을 연결하

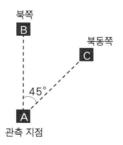

그림 3-3 방위를 측정하면 각도를 알 수 있다

(그림 속 ■는 삼각점을 나타냄)

여 만든 삼각형 ABC에서 꼭짓점 A의 내각 각 BAC는 45°가 된다. 왜냐하면 북쪽과 북동쪽은 정확히 45° 간격이기 때문이다.

이 측정의 목적은 삼각점을 연결해서 만들어지는 삼각형의 모양을 알아내는 것이다. 내각의 크기만 알면 그 삼각형의 모양은 하나로 정해진다. 삼각형은 3개의 내각 중 2개가 일치하면 닮음 관계이기 때문이다(삼각형의 내각의 합은 180°이므로 내각 중 2개가 일치하면 나머지 하나도 자동으로 일치한다). 닮음 관계에 있다는 것은 크기만 다르고 모양은 똑같다는 뜻이다. 즉, 삼각형의 내각을 알면 크기는 몰라도 모양은 알 수 있다. 전국의 삼각점을 이런 식으로 측정하면 **그림 3-4**처럼 국토 전체를 뒤덮는 삼각망에서 각 삼각형이 어떤 모양인지 판명할 수 있다.

이 삼각망을 이용하면 삼각점 간의 거리를 단 한 곳만 측정해도 모든 삼각점 간의 거리를 계산할 수 있다. 어떻게 하느냐면, 삼각 측량으로 조사한 삼각형과 같은 모양의 미니어처를 만들면 된다. 닮음인 삼각형은 확대하거나 축소하면 완전히 겹쳐진다. 그러므로 미니어처 삼각망은 전국을 뒤덮고 있는 실제 삼각망의 축소판이라고 할 수 있다. 미니어처 삼각망의 각 변의 길이는 자로 손쉽게 잴 수 있으므로 확대율, 즉 미니어처와 실물의 크기 차이만 알면 모든 삼각점 간의 거리

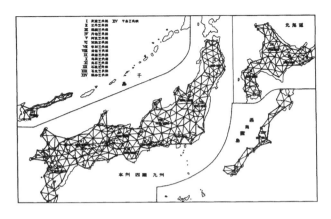

그림 3-4 1등 삼각망도 (일본 국토지리원 홈페이지에서 발췌)

※ 삼각점에는 1등부터 5등까지 등급이 있으며 지도 제작은 약 40km 간격으로 설치된
   1등 삼각점을 기준으로 한다. 2등 이하는 정확도를 높이기 위한 보조 역할을 한다.
   이 그림은 전국의 1등 삼각점을 연결한 것이다.

를 구할 수 있다. 예를 들어 어느 한 곳의 삼각점 간 거리를 정확히 측정했더니 10km가 나왔다고 하자. 미니어처 삼각망에서 대응하는 곳의 길이를 자로 재 보니 1cm였다. 그러면 확대율은 100만 배(10km ÷ 1cm)가 된다. 따라서 미니어처 삼각망에서 모든 변의 길이를 자로 잰 뒤 그것을 100만 배 하면 실제 삼각망의 변의 길이를 구할 수 있다. 그리고 그것은 삼각점 간의 실제 거리와 일치한다. 즉, 실제 삼각점 간의 거리를 단 한 곳만 정확히 측정하면 눈앞에 있는 미니어처를 이용해서 전체 삼각점 간의 거리를 알아낼 수 있다는 뜻이다.

물론 이것은 어디까지나 개념상의 이야기다. 실제로 지도를 제작할 때는 미니어처 삼각망을 만들어 자로 재거나 하지 않는다. 측량을 통해 얻은 방향 각도와 어느 한 곳의 실제 거리만 있으면 수학적인 계산으로 전체 거리를 도출할 수 있기 때문이다. 하지만 자로 재느냐 수식으로 구하느냐 하는 접근법의 차이는 그리 중요하지 않다. 닮음이라는 개념이 바탕에 깔려 있다는 점이 포인트다.

위성을 이용한 측량 기술이 존재하지 않았던 시대에는 어느 지점까지의 거리를 정확히 알고 싶을 때 줄자로 직접 거리를 재는 수밖에 없었다. 그러나 줄자로 측량해서 전국 지도를 만드는 건 현실적으로 불가능하다. 전 국토가 평지로만 되어 있다면 모를까, 실제로는 산도 있고 골짜기도 있고 빌딩이나 집도 있어서 줄자로 잴 수 있는 곳이 드물기 때문이다. 애초에 수 km 떨어진 지점까지 닿는 줄자를 만드는 것부터가 불가능한 일이다. 그래서 도형의 닮음이라는 성질을 이용해서 거리를 측정하는 방법이 돌파구가 된 것이다.

별과 별을 잇는 초거대 삼각형

인접한 삼각점은 일반적으로 수 km 떨어져 있다. 즉, 지금까지 한 변의 길이가 수 km인 삼각형을 다룬 것이다. 닮음을 이용하면 눈앞에 있는 조그만 삼각형의 크기만 재도 한 변이 수 km나 되는 삼각형에 관해 낱낱이 알 수 있다. 이 개념을 확장하면 멀리 떨어진 별과의 거리도 측정할 수 있다. 태양계에서 멀리 떨어진 천체와의 거리를 측정하고 싶을 때, 아무래도 줄자는 쓸모가 없을 것이다. 그러므로 삼각 측량 때와 마찬가지로 삼각형을 이용해서 거리를 측정하는 방법을 궁리해 보자. **그림 3-5**를 보면 거리를 재고 싶은 천체와 태양, 지구를 연결하는 초거대 삼각형이 있다.

이 거대한 삼각형의 꼭짓점 A가 거리를 재고 싶은 천체의 위치가 된다. B는 특정 계절, 이를테면 봄의 지구 위치 그리고 C는 그로부터 반년 뒤인 가을의 지구 위치를 나타낸다. 즉, 지구는 태양 주위를 1년에 걸쳐 공전하므로 그 움직임을 이용해서 삼각형을 만든다.

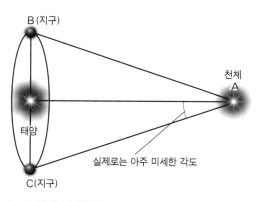

그림 3-5 **초거대 삼각형** (일본 국립천문대 홈페이지에 게재된 도판 참조)

변(邊) BC는 지구에서 태양까지 거리의 2배인데, 이 거리는 이미 알려져 있다. 태양계에 속한 천체는 먼 우주에 있는 천체에 비해 상세한 관측 데이터를 얻을 수 있어서 이를 통해 천체 간의 위치 관계나 거리를 도출할 수 있기 때문이다. 태양과 지구 사이의 거리는 약 1.5억km로 알려졌다. 즉, 변 BC는 약 3억km가 된다. 삼각 측량 때와 마찬가지로 내각 중 2개의 크기를 알면 모양을 알 수 있으므로, 같은 모양의 미니어처 삼각형을 만들면 배율을 곱해서 나머지 변의 길이도 알 수 있다. 배율을 구하는 방법도 아까와 같다. 초거대 삼각형의 변 BC의 길이는 약 3억km로 판명되었으니 그것을 미니어처에서 대응하는 변의 길이로 나누면 배율을 알 수 있다. 그리고 나머지 변의 길이, 변 AB와 변 AC의 길이가 바로 지구에서 천체까지의 거리가 된다.

각 ABC와 각 ACB는 각 계절에 밤하늘을 관찰하여 천체가 보이는 방향의 각도를 측정하면 구할 수 있다. 정확히는 그 천체가 보이는 방향과 태양이 위치한 방향의 각도 차이가 구하려는 각도가 된다. 삼각형의 내각의 합은 180°이므로 각 ABC와 각 ACB를 구하면 각 BAC도 알 수 있다. 이렇게 내각의 크기를 알아내면 닮음인 미니어처 삼각형을 만들 수 있으므로 천체에서 지구까지의 거리, 즉 변 AB와 변 AC를 구할 수 있다.

물론 천문학자가 실제로 미니어처 삼각형을 만드는 건 아니다. 천문학자는 수학적인 계산을 통해 변 AB(또는 AC)의 길이를 구한다. 단, 이때 쓰이는 수식은 닮음인 삼각형의 성질을 이용한 것이다. 어려운 계산 기술을 몰라도 닮음인 삼각형을 만들어서 같은 목적을 달성할 수 있다는 뜻이다. 손바닥만 한 미니어처로 무려 별까지의 거리를 측정할 수 있다는 것이 닮음의 놀라운 점이다. 이 장의 서두에서, 도형 안에서 삼각형을 찾아내는 것이 사고의 절약으로 이어진다고 설명하면서 사고의 절약①이라고 칭한 것을 기억하는가? 여기에 추가로 적당한 크기의 삼각형을 만들어 각과 변의 길이를 조사해서 닮음인 모든 삼각형에 적용하면 한 번 더 사고를 절약할 수 있다. 이것을 사고의 절약②라고 하겠다.

〈사고의 절약②〉 적당한 크기의 삼각형을 만들어 닮음인 모든 삼각형에 적용한다.

그런데 계산이 필요할 때마다 미니어처를 만들기는 어려운데다 손재주에 따라 정밀도에 차이가 생길 수 있다. 이때 미니어처 삼각형의 각과 변의 길이의 관계를 미리 구해서 그 값을 목록으로 정리해 두면 전 세계인이 이용할 수 있으므로 모형을 만들 필요가 없어진다. 이런 발상을 기반으로 탄생한 것이 삼각함수다.

3-2 삼각함수는 궁극적인 사고 절약술

직각삼각형의 '각'과 '변의 길이의 비'는 어떤 관계일까

삼각함수라는 이름을 처음 들으면 조금 혼란스러울 수도 있다. 삼각형은 도형의 일종으로, 도형을 취급하는 분야는 기하학이다. 한편 함수는 제2장에서 말했듯이 변수와 변수의 관계성으로, 대수학의 개념이다. 어쩌다가 서로 다른 분야의 용어가 하나로 묶이게 되었을까? 이는 닮음이라는 개념과 깊은 관련이 있다.

앞에서 변의 길이의 비가 3 : 4 : 5인 직각삼각형의 예를 살펴봤는데, 거기서도 설명했듯이 모양이 같은, 즉 닮음인 삼각형은 변의 길이의 비가 같다. 그렇다면 어떤 조건에서 모양이 같아지는지 더 깊게 파고들어 보자.

삼각형의 모양을 논의할 때는 직각삼각형만 고려해도 충분하다. 왜냐하면 직각삼각형이 아닌 삼각형은 직각삼각형 2개를 붙여 만들 수 있기 때문이다(**그림 3-6**).

직각삼각형은 각 하나가 직각(90°)으로 정해져 있다. 삼각형의 내각의 합은 180°이므로 남은 두 각의 합은 90°가 된다. 이는 두 각 중 하나의 크기만 구하면 나머지 각의 크기도 자동

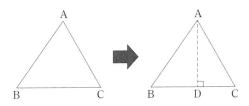

그림 3-6 삼각형 ABC는 직각삼각형 ABD와 ACD를 붙여 만들 수 있다.

으로 정해진다. 예를 들어 한 각이 $60°$라면 다른 한 각은 $30°$ $(= 90° - 60°)$가 된다.

　즉, 직각삼각형은 직각이 아닌 두 각 중 하나만 일치하면 결과적으로 모든 내각이 일치하기 때문에 모양이 똑같은 닮음 관계가 성립한다. 닮음 관계에 있다는 것은 변의 길이의 비가 같다는 뜻이다. 제2장을 읽고 머릿속에 설치한 대수학의 사고방식으로 이 말을 해석해 보자. '각의 크기'와 '변의 길이의 비'는 모두 특정한 값이므로 변수가 될 수 있다. 그리고 '각의 크기'가 정해지면 '변의 길이의 비'도 정해지므로 이 두 변수는 상관관계가 있다. 제2장에서 설명했듯이 대수학에서는 변수 사이의 관계성을 함수라고 부른다. 즉, '각의 크기'와 '변의 길이의 비' 사이의 관계성은 함수로 나타낼 수 있다. 여기서는 대수학과 기하학을 융합한 접근이라는 점에 주목해야한다. 도형에 관한 변수를 연결 짓는 관계성, 즉 함수를 이용하는 것이다.

'각의 크기'와 '변의 길이의 비' 사이의 관계성을 함수로 나타내 보자. 변의 길이의 비는 여러 가지 패턴이 있기 때문에 모두 포함해서 생각해야 한다. 모든 패턴을 나열하면 다음과 같이 6가지로 나온다.

① $\dfrac{높이}{빗변}$, ② $\dfrac{밑변}{빗변}$, ③ $\dfrac{높이}{밑변}$,

④ $\dfrac{빗변}{높이}$, ⑤ $\dfrac{빗변}{밑변}$, ⑥ $\dfrac{밑변}{높이}$

그런데 잘 살펴보면 ④~⑥은 각각 ①~③에서 분자와 분모를 바꿨을 뿐이다.

예를 들어 ④ $\dfrac{빗변}{높이}$ 는 ① $\dfrac{높이}{빗변}$ 에서 분자와 분모를 역전시킨 것뿐이라서 어느 한쪽만 고려해도 된다. 따라서 여기서는 ①~③만 고려해도 충분하다.

정리하면 삼각형에 관련된 관계성(함수)으로서 고려할 것은 다음 3가지다.

관계성 1: 각의 크기 $\Leftrightarrow$ $\dfrac{높이}{빗변}$ $\Rightarrow$ 높이 ÷ 빗변

관계성 2: 각의 크기 $\Leftrightarrow$ $\dfrac{밑변}{빗변}$ $\Rightarrow$ 밑변 ÷ 빗변

관계성 3: 각의 크기 $\Leftrightarrow$ $\dfrac{높이}{밑변}$ $\Rightarrow$ 높이 ÷ 밑변

관계성이 3가지나 되는데 이름이 없으면 아무래도 불편할 것이다. 사실은 이미 이름이 있는데, 관계성 1에서 3까지 순서대로 '사인(sine)', '코사인(cosine)', '탄젠트(tangent)'라고 부른다. 수식으로 쓸 때는 **그림 3-7**처럼 첫 3글자를 따서 sin, cos, tan로 표기하고 '각의 크기'를 입력하면 '변의 길이의 비'가 출력되는 함수로 표기한다. 이들은 삼각형에 관한 함수이므로 통틀어 삼각함수라고 부른다.

〈삼각함수란〉

직각삼각형의 '각도'와 '변의 길이의 비' 사이의 관계

sin, cos, tan 같은 용어가 한꺼번에 등장해서 당황스러울 수도 있지만, 이름 같은 건 크게 중요하지 않다. 원한다면 삼각함수 1호, 2호, 3호라고 불러도 상관없다. 단지 수학적인 의미와 역사적인 경위가 있어서 sin, cos, tan라고 부르는 것

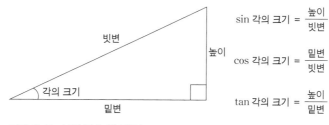

그림 3-7 삼각함수의 정의

뿐이다. 어원이 궁금해질 타이밍이지만 이들의 어원은 뒤에 나올 주제와 얽혀 있어서 나중에 설명하려고 한다.

삼각함수의 교묘한 점은 변의 길이 그 자체가 아니라 '변의 길이의 비'를 변수로 한다는 점이다. 닮음인 삼각형은 변의 길이의 비가 일치하므로 삼각함수는 어떤 크기의 삼각형에도 적용할 수 있다.

원과의 결합으로 넓어지는 세계

삼각함수를 더 깊이 이해하기 위해 관점을 살짝 바꿔 보자. 삼각함수는 삼각형뿐만 아니라 대표적인 도형인 원과도 관련이 깊다. **그림 3-8**은 가로축을 x, 세로축을 y로 둔 평면상에 원을 그린 것이다. 이 원은 $(x, y) = (0, 0)$을 중심으로 하고 반지름은 1이다. 수학에서는 반지름이 1인 원을 **단위원**이라고 한다. 이렇게 말하면 1이 1cm인지, 1m인지 단위를 알 수 없어서 의아하게 생각할 수도 있다. 하지만 여기서는 일부러 단위를 쓰지 않았다. 1이 센티미터 단위든, 미터 단위든, 인치나 피트 단위든 논의의 전개는 달라지지 않기 때문이다. 이 단계에서 1cm같이 구체적으로 단위를 정해 버리면, 1m일 때는 어떻게 되느냐는 질문이 나올 수밖에 없다. 단위는 논의의 전개에 영향을 미치지 않으므로 일반성을 유지하기 위해 일부러 적지 않은 것이다. 구체적인 사례에 응용할 때 센티미터 단

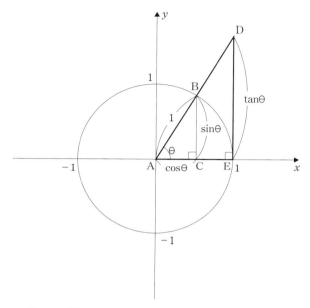

그림 3-8 원과 삼각함수의 관계

※그림 속 θ(세타)는 각의 크기를 나타낸다.

위인지 미터 단위인지 보고 상황에 맞게 단위를 정하면 된다.

sin, cos, tan는 얼핏 보면 서로 아무 관계도 없어 보이지만, 단위원을 사용하면 숨겨진 관계성이 드러난다.

그림 3-8을 자세히 살펴보자. 수학에서는 각도를 그리스 문자 θ(세타)로 표시하는 경우가 많아서 그 관습을 따라 각의 크기를 θ로 표시했다. 직각삼각형 ABC를 보면 $\cos\theta = \dfrac{높이}{빗변} = \dfrac{AC}{AB}$인데, 변 AB의 길이는 1이므로 AC = $\cos\theta$라는 것을 알

수 있다. 마찬가지로 $\sin\theta = \frac{높이}{빗변} = \frac{BC}{AB}$인데, 변 AB의 길이는 1이므로 BC = $\sin\theta$가 된다. 다음으로 직각삼각형 ADE를 살펴보자. $\tan\theta = \frac{높이}{밑변} = \frac{DE}{AE}$인데, 변 AE의 길이는 1이므로 DE = $\tan\theta$가 된다. 이렇게 단위원을 이용하면 sin, cos, tan가 서로 밀접한 관계라는 사실을 알 수 있다.

이 그림에 나타나 있듯이, 삼각함수는 빗변(또는 밑변)의 길이가 1인 직각삼각형을 기준으로 정리할 수 있다. 그리고 닮음인 삼각형끼리는 변의 길이의 비가 같으므로 빗변(또는 밑변)의 길이가 1인 직각삼각형에서 성립하는 관계는 모든 크기의 닮음인 삼각형에도 적용할 수 있다. 반대로 말하면, 빗변(또는 밑변)의 길이가 1인 직각삼각형에서 각의 크기와 변의 길이의 비 사이의 관계를 조사해서 함수로 정리해 두면 그 함수로 모든 크기와 모양의 삼각형을 분석할 수 있다.

즉, 삼각함수란 도형을 삼각형으로 나눠 생각하는 사고의 절약①과 닮음을 이용하는 사고의 절약②가 결합하여 탄생한 **궁극적인 사고 절약술**이다.

사인, 코사인, 탄젠트라는 이름의 유래

사실 sine, cosine, tangent라는 이름도 이러한 원과의 관계에서 유래했다.

먼저 sine은 산스크리트어로 '활시위'를 가리키는 말에서 유래했다. 삼각함수의 개념은 고대 이집트와 그리스에서 탄생하여 인도로 전해졌는데, 당시 삼각함수의 정의는 지금과 약간 달랐다. **그림 3-8**을 기준으로 말하면 삼각형 ABE의 변 BE 길이와 각도 θ의 관계를 의미했다. 변 BE는 원둘레 위의 두 점 B, E를 연결하는 줄처럼 보인다. 이 모습을 보고 당시 수학자들은 활대에 걸린 활시위를 떠올렸다.

다음으로 cosine의 어원을 알아보자. 현대 삼각함수에서는 각 BAC(θ)에 주목하는데, 이때 직각이 아닌 다른 하나의 각 ABC를 가리켜 여각이라고 부른다. 남은 하나의 각이라는 의미다. 여각을 기준으로 생각하면, 변 BC는 밑변, 변 AC는 높이가 된다. 그러면 여각의 sine은 $\frac{AC}{AB}$가 되는데, 이것은 아까 본 cosine의 정의와 일치한다. 즉, cosine은 '여각의 sine'이다. 여각은 영어로 complementary angle이라고 하므로 첫머리의 'co'를 따서 sine에 붙여 cosine이 되었다.

마지막으로 tangent는 '접하다'라는 의미의 라틴어 tangere에서 유래했다. 변 DE가 단위원에 접해 있다는 이유로 이러한 이름이 지어졌다.

삼각형이 모이면 지진도 되고 음악도 된다

삼각형은 원과 밀접한 관계가 있다. 이는 삼각함수의 응용범위를 넓혀 주는 중요한 사실이다. 그래서 지금부터 그 이야기를 하려고 한다. 우리는 생활 속에서 일정한 주기로 왔다갔다하는 반복 운동을 흔히 볼 수 있다.

그 대표적인 예가 회전으로, 한 바퀴 돌 때마다 원래 위치로 돌아오는 운동이다. 자동차 바퀴의 회전, 팽이의 회전, 헬리콥터 날개의 회전처럼 친숙한 움직임부터 지구가 태양 주위를 도는 공전 운동까지 다양한 예가 있다. 빙글빙글 도는 모든 운동을 회전이라고 한다.

또 다른 유형의 반복 운동으로 진동이 있다. 진동은 회전하지는 않지만 반복적인 패턴을 보이는 운동이다. 용수철 끝에 추를 달아 잡아당긴 뒤 손을 놓으면 추가 상하 운동을 반복하는데, 이런 운동을 진동이라고 한다. 밀려왔다 빠져나가는 바다의 파도, 지각의 진동으로 인해 발생하는 지진파, 혈관의 확장과 수축이 반복되는 맥박 등등. 그리고 우리가 듣는 소리의 정체도 공기의 진동이다. 주가는 오르내림을 반복하고 경기의 파도는 호황과 불황을 끊임없이 오간다. 그 밖에도 수없이 많은 진동이 있다. 진동이라는 말이 딱딱하게 느껴진다면 용수철이 위아래로 뿅뿅 튀어 오르는 모습을 떠올려도 좋다.

'빙글빙글'을 삼각함수로 나타내면

이런 반복 운동을 수식으로 나타내면 다양한 분야에 응용할 수 있어서 아주 편리할 것이다. 그렇다면 먼저 '회전'에 관해서 생각해 보자. 회전은 원운동이라는 별명에 걸맞게 원 모양을 그리며 움직인다. 원은 삼각함수와 연관이 있으니 삼각함수를 쓸 수 있지 않을까 하는 기대가 생긴다. 실제로 회전을 삼각함수로 나타내는 건 약간의 요령만 있으면 가능하다. **그림 3-8**에서 각의 크기 θ가 시간의 흐름에 따라 커진다고 가정하면 단위원 위의 점 B는 회전 운동을 하는 것이나 다름없기 때문이다.

예를 들어 시계의 초침과 같이 60초에 1바퀴 회전하는 상황을 생각해 보자. 1바퀴는 360°이므로 1초에 6°(= 360° ÷ 60)씩 회전한다. 이때 경과 시간을 t(초)로 놓으면 '$\theta = 6° \times t$'로 나타낼 수 있다. $\theta = 0°$부터 시작해서 1초 뒤에는 $\theta = 6°$, 2초 뒤에는 $\theta = 12°$ 이런 식으로 각도가 커진다. 그리고 60초 뒤에는 $\theta = 360°$가 되어 원위치로 돌아온다. 61초 뒤에는 $\theta = 366°$가 되어 각의 크기가 계산상 360°보다 커지는데, 1바퀴 돌아 원위치로 돌아와서 재시작한다고 생각하면 $\theta = 6°$일 때와 같은 위치라는 것을 알 수 있다. 마찬가지로 121초 뒤에는 726°가 되는데, 이것은 2바퀴 돌아서 $\theta = 6°$ 위치로 돌아왔다는 의미다(726° = 360° × 2 + 6°).

즉, 회전을 수학적으로 나타내고자 할 때는 각도 θ가 시간의 흐름에 따라 커진다고 가정하여 θ의 변화에 따라 움직이는 점 B의 위치를 추적하면 된다. 참고로 점 B는 가로축 x,

세로축 y인 평면상에 있으므로, 그 위치는 x축 상의 위치와 y축 상의 위치를 나열하여 (x축 상의 위치, y축 상의 위치)와 같은 형태로 나타낼 수 있다. 이렇게 평면상에서 점의 위치를 나타내는 수의 짝을 '**좌표**'라고 한다. x축 상의 위치를 x 좌표, y축 상의 위치를 y 좌표라고 구분해서 부르기도 한다. 그냥 x 라고 하기보다 x 좌표라고 하면 좌표평면상의 위치를 가리킨 다는 것이 더 명확해져서 편리하다.

점(點) B의 좌표는 $(x, y) = (\cos\theta, \sin\theta)$같이 삼각함수를 사용해서 표기할 수 있다. 단위원보다 크거나 작은 원 위를 움직이는 원운동은 배율을 곱해서 손쉽게 대응할 수 있다. 예를 들어 반지름이 2.5인 원둘레를 움직이는 점의 좌표는 $(x, y) = (2.5 \times \cos\theta, 2.5 \times \sin\theta)$로 나타낼 수 있다. 원은 삼각 형과 달리 다른 모양이 나올 수 없어서 모든 원은 똑같은 모양이고 서로 닮음 관계에 있다. 그러므로 단위원 상의 운동만 수식으로 나타내면 이제 나머지는 배율을 곱하기만 하면 된다. 이번에도 역시 닮음이라는 개념이 사용되었다.

'뿅뿅'을 삼각함수로 나타내면

회전을 삼각함수로 나타낼 수 있다는 것을 알았으니 이제 진동 차례. 진동의 대표적인 예는 용수철에 매단 추의 움직임이다. **그림 3-9**와 같이 용수철에 매단 추를 당겼다가 놓으

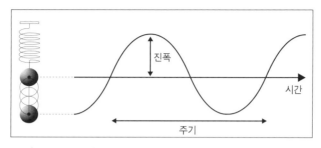

그림 3-9 진동을 나타내는 그래프

면 위아래로 오르락내리락하는데, 시간의 경과에 따른 추의 위치 변화를 나타낸 것이 오른쪽 그래프다. 가로축은 경과 시간, 세로축은 추의 위치를 나타낸다. 이처럼 진동은 그래프로 그리면 산마루와 골짜기가 번갈아 가며 나타나서 물결 모양이 되는 것이 특징이다. 진동을 그래프로 나타낼 때, 마루의 높이(또는 골의 깊이)를 **진폭**이라고 한다. 그리고 마루와 골이 번갈아 나타나는 시간 간격을 **주기**라고 한다.

주기가 짧을수록 마루와 골이 번갈아 나타나는 속도가 빠르다. 예를 들어 마루와 골이 2초 간격으로 반복해서 나타나는 경우 주기는 2초가 된다. 다만, 반복되는 속도가 매우 빠르면 주기로 표현하기가 조금 불편할 수도 있다. 가령 마루와 골이 0.000125초마다 반복되면 주기는 0.000125초가 되는데, 소수점이 있어서 영 거추장스럽다. 이럴 때는 1초 동안 마루와 골이 반복되는 횟수로 관점을 전환한다. 1초 동안 마루와 골이 반복하여 나타나는 횟수를 **주파수**라고 하며, Hz(헤르츠)라는 단위로 표기한다. 가령 주기 0.000125초의 파동이면 1초 동안 마루와 골이 8,000번(= 1 ÷ 0.000125) 번갈아 나온다. 그러므로 주파수는 8,000Hz가 된다.

이 마루와 골을 수식으로 나타내면 진동을 수학적으로 다룰 수 있다. 그렇다면 마루와 골이 반복적으로 나타나는 움직임을 수식으로 나타내려면 어떻게 해야 할까? 반복 운동에는 회전과 진동 2가지가 있는데, 회전은 삼각함수로 나타낼 수 있다고 설명했다. 회전을 삼각함수로 나타낼 수 있다면 같은 반복 운동인 진동 역시 삼각함수로 나타낼 수 있지 않을까?

사실 이 장에서 말한 내용 안에 답이 99% 정도 나와 있다. 단위원이 나오는 **그림 3-8**을 다시 떠올려 보자. 이 그림에서 각도 θ가 시간의 경과에 따라 커진다고 가정하면 회전을 나타낼 수 있다고 했다. 정확히 말하면 단위원 위의 점 B가 회전하는 것이다. 이때 점 B의 x 좌표와 y 좌표가 시간에 따라 어떻게 변하는지 관찰하면 어떤 결과가 나올까?

그림 3-10에 점 B의 x 좌표와 y 좌표의 변화를 나타냈다. 둘 다 가로축은 경과 시간, 세로축은 좌표를 가리킨다. θ는 앞의 예와 마찬가지로 1초에 6°씩 커진다고 가정했다. 출발점인 $\theta = 0°$에서 점 B는 $(x, y) = (1, 0)$에 있으므로 x 좌표는 $x = 1$에서 시작한다. 그 뒤로 점 B는 θ가 커질수록 반시계 방

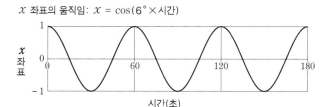

x 좌표의 움직임: $x = \cos(6° \times 시간)$

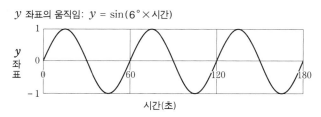

y 좌표의 움직임: $y = \sin(6° \times 시간)$

그림 3–10 단위원 위의 점(그림 3–8의 점 B)의 움직임

향으로 움직이므로 x 좌표는 $x = -1$로 향하고, -1에 도달하면 방향을 바꿔 $x = 1$로 향하는 반복 운동이 일어난다. 한편 y 좌표는 $y = 0$에서 시작하여 $y = 1$로 향하며, 1에 도달하면 방향을 바꿔 $y = -1$을 향해 나아간다. 그러다가 또 방향을 바꿔 $y = 1$을 향해 움직이는 반복 운동이 일어난다.

그러므로 각각 그래프로 그리면 마루와 골이 일정 주기로 반복해서 나타나는 물결 모양이 된다. 구체적인 수식은, 먼저 θ가 1초에 6°씩 커지므로 '$\theta = 6° \times$ 시간'으로 나타낼 수 있다. 그리고 점 B의 위치는 앞에서 나왔듯이 $(x,\ y) = (\cos\theta,\ \sin\theta)$로 나타낼 수 있으므로 이들을 조합하면 점 B의 좌표는

$(x, y) = (\cos(6° \times 시간), \sin(6° \times 시간))$이 된다.

마루와 골이 반복하여 나타나는 진동 그래프와 똑같다. 즉, 회전하는 점의 x 좌표, y 좌표의 움직임은 진동으로 볼 수 있다. 애초에 회전하는 점의 x 좌표와 y 좌표는 정해진 범위(**그림 3-8** 점 B의 경우 -1에서 1까지)를 함께 주기적으로 왔다 갔다 하므로, 그것을 그래프로 그리면 주기적으로 오르락내리락하는 물결 모양을 그리게 된다.

회전과 진동은 얼핏 보면 서로 다른 움직임으로 보이지만, 그 이면을 들여다보면 서로 연결되어 있다. 즉, 회전과 진동은 같은 움직임을 다른 시점에서 본 것뿐이다. 따라서 회전을 삼각함수로 나타낼 수 있으면 진동 역시 삼각함수로 나타낼 수 있다. **그림 3-10**은 점 B가 단위원 위를 1초에 6°씩(60초에 1바퀴) 회전하는 경우의 그래프이므로 진폭은 1, 주기는 60초가 된다.

원의 크기나 회전 속도를 조절하면 다양한 진폭과 주기의 진동을 나타낼 수 있다. 예를 들어 진폭 2.5, 주기 5초의 진동을 나타내려면, 반지름 2.5인 원 위를 5초에 한 바퀴 도는 점의 움직임을 생각하면 된다. 5초에 1바퀴(360°)라는 것은 1초에는 72°($= 360° \div 5$)라는 뜻이다. 즉, 반지름이 2.5인 원 위를 1초에 72°씩 회전하는 것이다. 진폭이 0.8, 주기가 10초라면 반지름이 0.8인 원 위를 1초에 36°씩(10초에 1바퀴) 움직이는 점을 생각하면 된다.

3-3 파동을 수학적으로 나타내는 푸리에 변환

파동을 해체하라

이제 삼각함수로 회전과 진동을 나타낼 수 있다는 것을 알았다. 하지만 여기서 끝이 아니다. 삼각함수가 정말 유용한 도구라면 현실 사례에도 유연하게 응용할 수 있어야 하지 않을까? 여기서 주의할 점이 있는데, 생활 속에서 볼 수 있는 진동의 패턴은 $\sin\theta$나 $\cos\theta$ 그래프처럼 단순하지 않고 매우 복잡하다. 예를 들어 우리가 평소에 듣는 소리의 정체는 공기의 진동이다. **그림 3-11**은 4가지 악기 소리의 파형을 그래프로 나타낸 것이다. 한눈에 보기에도 모두 복잡한 파형이다. 이렇게 복잡한 파형은 과연 어떻게 표현하면 좋을까?

언뜻 보기에는 삼각함수로 나타내기 어려워 보이지만 약간의 요령만 있으면 돌파구를 찾을 수 있다. 그 요령이란 복잡한 것을 조각조각 잘라서 단순하게 만드는 것으로, 수학이나 자연과학에서 잘 쓰는 방식이다. 조금 딱딱한 용어로 요소 환원이라고 하는데, 단순한 구성 요소로 환원해서 생각하는 방식이다. 더 구체적으로 설명하면 복잡한 파동은 단순한 파동 여러 개를 더해서 만들어졌다는 발상 아래, 복잡한 파동

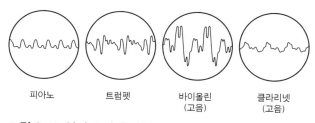

그림 3-11 악기 소리의 파형 (시무라 다다오 《저절로 물리가 재미 있어진다 〈신판〉》의 전자서적판에서 발췌)

을 그 구성 요소인 단순한 파동으로 분해하는 것이다.

그림 3-12를 보면 4개의 단순한 파동을 합쳐서 가장 밑의 복잡한 파형을 만들었다. 반대로 말하면 복잡해 보이는 파동도 단순한 파동의 합으로 분해할 수 있다는 뜻이다.

단순한 파동(진동)은 삼각함수로 나타낼 수 있다. 따라서 복잡한 파동도 단순한 파동의 합으로 분해하면 삼각함수로 나타낼 수 있다. 음파, 지진파, 바다의 파도, 경기의 변동 등 현실에서 볼 수 있는 파동은 대부분 복잡한 파형으로 나타난다. 수학에서는 그것을 복잡한 상태 그대로 처리하지 않고 단순한 파동의 합으로 분해하여 계산하고 분석하기 편하게 만든다. 이렇게 복잡한 파동을 단순한 파동의 합으로 분해하는 수학적 기법을 **푸리에 변환**이라고 한다.

푸리에 변환의 정식 계산 절차를 이해하려면 전문적인 수학 지식이 필요하므로 여기서는 상세한 계산 절차로 들어가지

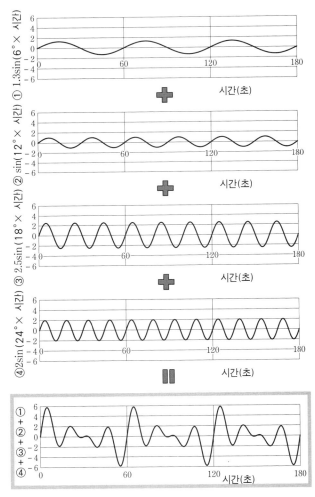

그림 3-12 복잡한 파동은 단순한 파동의 합으로 이루어져 있다

않고 포인트가 되는 사고방식만 전달하려고 한다.

유럽의 오래된 교회나 수도원은 굉장히 복잡하고 예술적인 조형을 자랑한다. 그러나 자세히 들여다보면 알 수 있듯이, 이들은 모두 단순한 모양의 벽돌을 쌓아서 만들어졌다. 이와 마찬가지로 아무리 복잡해 보이는 파형이라도 사실은 단순한 파동의 합으로 이루어져 있다. 프랑스에 있는 몽생미셸 수도원에 관광차 방문한 적이 있는데, 섬 전체를 뒤덮을 정도로 거대하고 복잡한 이 수도원 역시 평범한 벽돌로 만들어졌다. 현지 관광 가이드가 말하기를, 일꾼들이 몇백 년에 걸쳐서 벽돌을 쌓아 만들었다고 한다. 푸리에 변환은 벽돌로 몽생미셸을 지은 것처럼 여러 개의 단순한 파동으로 복잡한 파동을 표현한다.

푸리에 변환의 접근 방식

푸리에 변환을 조금 더 자세히 알아보자. 푸리에 변환은 복잡한 파동을 단순한 파동의 합으로 변환하는 방법으로, 18세기 수학자 조제프 푸리에가 고안하여 그러한 이름으로 불리게 되었다. 푸리에 변환의 핵심은 **파동의 곱셈**이라는 발상이다. 파동을 곱한다는 것이 무슨 뜻인지 **그림 3-13**을 보면 알 수 있다. 2개의 파동을 곱한다는 것은, 동 시각의 파동의 높이를 곱한다는 뜻이다(골은 높이가 아닌 깊이로 따지며, 음수

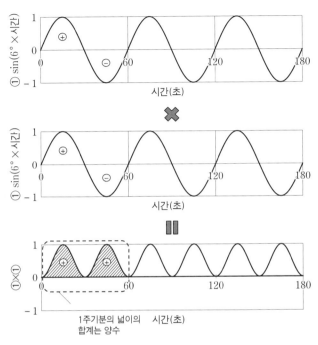

그림 3-13 주기가 같은 파동을 곱하면 넓이의 합계는 양수
가 된다

로 표시한다).

이렇게 파동의 곱셈을 실행하면, 주기가 같은 파동끼리 곱
했을 때와 주기가 다른 파동끼리 곱했을 때 결과가 다르게 나
온다. 반대로 말하면, 곱셈해서 그 결과를 비교하면 원래 파
동의 주기가 같은지 다른지 판명할 수 있다는 뜻이다.

주기가 완전히 같은 파동끼리 곱했을 때는 높이가 0이나 양수로만 나온다. 파동을 그래프로 그리면 시간의 경과에 따라 양의 영역과 음의 영역을 주기적으로 왔다 갔다 한다. 주기가 같은 파동은 양의 영역과 음의 영역을 똑같은 타이밍에 지나므로 높이의 곱셈은 양수×양수, 음수×음수, 0×0 중 하나가 된다. 따라서 **그림 3-13**처럼 높이가 항상 양수 또는 0인 그래프가 나온다(음수×음수는 양수이기 때문).

그러나 주기가 다른 파동끼리 곱하면, 양의 영역과 음의 영역을 지나는 타이밍이 맞지 않으므로 한쪽의 높이가 양수일 때 다른 한쪽은 음수일 수도 있고(곱셈 결과는 음수), 양쪽 모두 양수 또는 음수일 수도 있다(곱셈 결과는 양수). 그래서 결과는 **그림 3-14**처럼 양의 영역과 음의 영역이 혼재하는 형태로 나온다.

즉, 곱셈 결과를 봤을 때 양의 영역과 음의 영역이 혼재하면 원래 파동은 주기가 서로 다르며, 그렇지 않으면 주기가 같다고 볼 수 있다. 다만, 양의 영역과 음의 영역이 혼재하는지 그렇지 않은지 눈으로 판단하는 방법은 그리 효율적이지 못하다. 방대한 데이터를 처리할 때 일일이 눈으로 확인하면 밤을 새워야 할지도 모른다.

양의 영역과 음의 영역이 혼재하는지 판단하는 간편한 방법이 있다. 곱셈 결과를 그래프로 나타내서 그래프의 1주기분의 넓이(**그림 3-13**과 **3-14**에서 사선으로 칠해진 부분)를 구하는 것이다. **그림 3-13**에 나와 있듯이 주기가 같은 파동끼리 곱했을 때 높이는 양수이거나 0이므로 1주기분의 넓이도 반드시 양수로 나온다.

한편 주기가 다른 파동끼리 곱했을 때는 **그림 3-14**처럼 양의 영역과 음의 영역이 혼재한다. 이때 1주기분 넓이를 더하면 양의 영역과 음의 영역이 상쇄되어 0이 나온다. 합계가 정

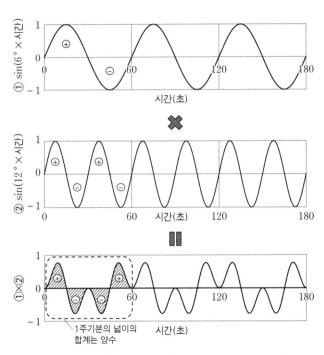

그림 3-14 주기가 다른 파동을 곱하면 넓이의 합계가 0이 된다

확히 0이 되는 데는 수학적으로 복잡한 이유가 있으나 여기서는 생략한다. 대략적인 이미지만 설명하자면, 파동은 마루와 골이 같은 폭으로 반복해서 나타나므로 그것을 곱한 결과역시 양의 영역과 음의 영역이 같은 크기로 나오는 것이다.

참고로 곱셈 결과의 그래프는 곡선으로 표현되는데, 이럴때는 넓이를 어떻게 구하면 좋을까? 삼각형이나 사각형의 넓이는 초등학교에서 배우는 공식을 이용해서 구할 수 있지만, 이렇게 곡선으로 이루어진 도형의 넓이는 초등학교에서 배우는 간단한 공식으로 구할 수 없다. 이런 도형의 넓이는 제4장에서 배우는 적분을 통해서 구할 수 있으니 자세한 것은 제4장에서 설명하겠다.

숨겨진 파동을 찾아내는 방법

푸리에는 파동의 곱셈에 관한 성질을 이용하면 복잡한 파동을 단순한 파동으로 분해할 수 있다는 사실을 깨달았다. 그런데 복잡한 파동이 단순한 파동의 합으로 이루어진 것은 알았으나, 파형만 봐서는 단순한 파동이 어떤 비율로 합쳐졌는지 알 수 없다는 문제가 남아 있었다. 예를 들어 앞에 나온 **그림 3-12**에서 복잡한 파동은 4개의 단순한 파동으로 이루어졌다고 했는데, 당장 수중에 복잡한 파동의 데이터만 있어서 그것을 어떻게 단순한 파동으로 분해해야 할지 막막한 상황이다. 어떻게 하면 복잡한 파동을 구성하는 4개의 단순한 파동을 알아낼 수 있을까? 이름이 없으면 설명하기 힘드니까 이 복잡한 파동을 W라고 하자.

원리는 지극히 간단하다. 단순한 파동을 순서대로 W에 곱하면 끝이다. 그럼 지금부터 **그림 3-15**를 바탕으로 설명하겠다. 파동 W는 4개의 단순한 파동으로 구성되어 있는데, 우리는 그 4개가 무엇인지 모르는 상황이다. 모른다는 것을 나타내기 위해 전체를 상자 안에 넣었다. 이 상자는 내용물이 보이지 않는 어둠상자다.

우리는 지금 파동 W 안에 어떤 파동이 들어 있는지 모른다. 먼저 파동 W에 어떤 단순한 파동이 들어갈 수 있는지 파악할 필요가 있다. 일단 후보를 정한 다음 그 후보를 하나하나 조사하면 되기 때문이다. 결론부터 말하면, 복잡한 파동의 주기에 정수 분의 1을 곱한 값을 주기로 하는 파동이라면 그 복잡한 파동에 포함될 가능성이 있다. 그러니까 예를 들어 W의 주기의 $\frac{1}{1}$배, $\frac{1}{2}$배, $\frac{1}{3}$배, $\frac{1}{4}$배인 주기를 가진 단순한 파동은 W를 구성할 가능성이 있다고 본다.

그림 3-12를 보면 파동 W(맨 마지막 그래프)는 60초마다 같은 파형이 반복하여 나타나므로 주기는 60초다. 따라서 주기가 60초($60 \div 1$), 30초($60 \div 2$), 20초($60 \div 3$), 15초($60 \div 4$), 12초($60 \div 5$)인 단순한 파동은 W에 포함될 가능성이 있

다. 왜냐하면 W가 60초에 1주기를 마치므로 그 안에 포함된 파동도 60초에 맞춰서 주기를 마쳐야 하기 때문이다. 가령 주기가 20초인 파동은 60초에 3주기를 마치므로 후보가 될 수 있다. 만일 주기가 60초에 맞춰서 끝나지 않는 파동, 예를 들어 주기가 61초나 22초인 파동이 섞여 있으면 보폭이 맞지 않아서 W의 주기는 60초가 되지 않을 것이다. 즉, W의 주기가 60초인 시점에서 이런 파동은 후보로부터 제외된다.

단순한 파동의 일종인 $\sin(12° ×$ 시간$)$이 W에 포함되는지 확인해 보자. 이 파동의 주기는 30초다$(12° × 30 = 360°)$. 여기서 주의할 점이 있는데 $\sin(12° ×$ 시간$)$은 하나의 예시로 고른 것일 뿐, 실제로는 모든 후보를 검증해야 한다. 실제로 사용할 때는 컴퓨터로 모든 후보를 하나하나 검증하므로 인

그림 3-15 파동 W에는 $\sin(12°×$시간$)$이 포함된다

간이 손으로 계산할 필요는 없다.

먼저 W에 sin(12° × 시간)을 곱해서 1주기분의 넓이를 구한다. 여기서 W가 원래 4개의 단순한 파동의 합이라는 점을 떠올려 보자. W에 sin(12° × 시간)을 곱한다는 것은 W를 구성하는 4개의 단순한 파동에 각각 sin(12° × 시간)을 곱해서 넓이를 구하는 것과 같다. W를 구성하는 단순한 파동 중에 sin(12° × 시간) 이외의 파동은 sin(12° × 시간)과 주기가 다르므로 넓이의 합이 0이 된다. 한편, sin(12° × 시간)은 주기가 같으므로 넓이의 합이 양수로 나온다. 최종적으로 W에 sin(12° × 시간)을 곱해서 나온 넓이의 합은 양수가 된다.

만약 W에 sin(12° × 시간)이 들어 있지 않다면 어떻게 될까? 파동 W를 구성하는 4개의 단순한 파동 중에서 sin(12° × 시간)을 sin(30° × 시간)으로 바꿔치기한 것을 파동 W'라고 하자. 파동 W'에는 sin(12° × 시간)이 포함되어 있지 않으므로 W'와 sin(12° × 시간)을 곱해서 1주기분의 넓이를 구하면 0이 된다. 요약하면 복잡한 파동에 단순한 파동을 곱한 결과, 넓이가 양수면 '포함된 파동', 0이면 '포함되지 않은 파동'으로 판단할 수 있다. sin(6° × 시간)(6 × 60 = 360이므로 주기 60초인 파동) 같은 그 밖의 단순한 파동도 같은 방법으로 포함 여부를 확인할 수 있다. 이 방법의 편리한 점은 미리 상자의 내용물을 알 필요가 없다는 점이다. 안에 정확히 뭐가 들었는지 모르더라도 곱해서 넓이를 구하는 데는 지장이 없다. 그 결과를 바탕으로 단순한 파동이 포함되는지 알 수 있다. 단순한 파동을 순서대로 곱해 나가면 엑스레이처럼 상자의 내용물을 엿볼 수 있다.

또 단순한 파동의 포함 여부뿐만 아니라 포함 비율도 같은 방법으로 알아낼 수 있다. 예를 들어 파동 W를 보면 $\sin(6° \times$ 시간)에는 1.3이라는 계수가 곱해져 있다. 이 계수가 클수록 그 단순한 파동의 진폭이 크다는 뜻이다. 요컨대 계수의 값을 알면 그 파동이 어느 정도의 진폭으로 포함되어 있는지 알 수 있다. 계수를 알려면 넓이가 0인지 양수인지만 볼 게 아니라 양수가 얼마나 큰 값인가에 초점을 맞춰야 한다.

파동을 곱한 결과로 나온 넓이는 계수에 비례하므로 그로부터 계수를 역산할 수 있다. 예를 들어 계수가 1.3일 때 넓이는 계수가 1일 때 넓이의 1.3배다. 즉, 미리 계수가 1일 때의 넓이를 구해 놓으면 실제로 나온 넓이와 비교해서 계수를 구할 수 있다. 구체적인 예로 설명하자면, 먼저 $\sin(6° \times$ 시간$)$ $\times$ $\sin(6° \times$ 시간$)$을 계산해서 1주기분의 넓이를 구하여 ☆이라고 표기한다. 그리고 파동 W에 $\sin(6° \times$ 시간$)$을 곱해서 넓이를 구하면 ☆의 1.3배인 값이 나온다. 이를 통해 파동 W에서 $\sin(6° \times$ 시간$)$의 계수는 1.3이라는 사실을 알 수 있다.

이처럼 단순한 파동을 곱하는 간단한 방법으로 복잡한 파동의 구성 요소를 알아낼 수 있다. 단순한 파동은 sin이나 cos 같은 삼각함수로 나타낼 수 있다. 즉, 푸리에 변환을 이용하면 복잡한 파동도 삼각함수로 나타낼 수 있다. 가령 **그림 3-12**의 파동은 다음과 같이 삼각함수로 나타낼 수 있다.

그림 **3-12**의 파동
$$= 1.3\sin(6° \times 시간) + \sin(12° \times 시간)$$
$$+ 2.5\sin(18° \times 시간) + 2\sin(24° \times 시간) \cdots\cdots①$$

스펙트럼 분석은 파동의 레시피

이제 복잡한 파동이라도 푸리에 변환을 통해 단순한 파동으로 분해하여 삼각함수로 나타낼 수 있다는 것을 알았다. 수식으로 나타낼 수만 있으면 수치화해서 컴퓨터로 분석하는 등 정보 과학의 혜택을 마음껏 누릴 수 있다. 단, 수식에 익숙지 않은 사람에게는 아직 다소 어려울 수 있다. 단순한 파동이 어떤 비율로 들어 있는지 한눈에 볼 수 있으면 편리할 텐데 말이다. 이럴 때 쓰는 것이 바로 막대그래프다.

막대그래프라고 하면 영업직에 종사하는 사람은 본능적으로 긴장감이 들지도 모른다. 매출액을 무미건조하게 숫자로 나열한 표는 바로 와 닿지 않지만, 영업 담당자마다 실적을 막대그래프로 그려서 사무실에 붙여 놓으면 각자의 할당량

소화율이 일목요연해진다. 이처럼 막대그래프는 전체 상황을 한눈에 파악할 수 있다는 장점이 있다.

막대그래프를 사용해서 파동의 배합을 나타낸 것이 **그림 3-16**이다. 가로축은 파동을 삼각함수로 나타냈을 때 각도 θ 가 커지는 속도를 나타낸다. 예를 들어 sin(6° × 시간)에 대응하는 것은 가장 왼쪽의 '6°'라는 라벨이 붙어 있는 막대다. 그리고 막대의 높이는 계수를 나타낸다. 앞에 나온 식①을 보면 sin(6° × 시간)에는 1.3이라는 계수가 곱해져 있다. 그래서 막대의 높이는 1.3이다. 이런 형태로 나타내면 포함된 단순한 파동 중에서 어느 것이 비중이 크고 어느 것이 작은지 한눈에 파악할 수 있다.

참고로 **그림 3-16**에는 라벨이 왼쪽부터 6°, 12°, 18°, 24°로 표시되어 있는데, 이것은 파동의 주기가 긴 순서대로 왼쪽부

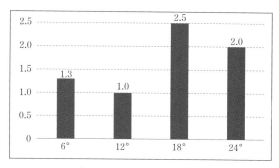

그림 3-16 스펙트럼 (식①의 계수를 막대그래프로 나타낸 것)

터 나열한 것이다. 단순한 파동은 단위원 위를 회전하는 점의 좌표의 움직임으로 볼 수 있다. 라벨의 숫자는 1초 동안 θ가 커지는 정도, 즉 회전 속도를 나타낸다. 1초에 6° 회전하는 파동보다 1초에 24° 회전하는 파동이 1회전(360°) 하는 데 더 짧은 시간이 걸린다. 즉, 마루와 골이 반복되는 주기가 짧아지는 것이다. 요컨대 이 그래프는 주기가 긴 순서대로 왼쪽부터 나열되어 있다. 혹은 주파수가 낮은 순서대로 나열되었다고 할 수도 있다. 이처럼 복잡한 파동을 구성하는 단순한 파동의 주파수 분포를 나타낸 것을 **스펙트럼**이라고 한다. 스펙트럼(spectrum)이란 범위나 분포를 의미하는 단어다. 또 복잡한 파동을 스펙트럼으로 표현하여 다방면으로 분석하는 기법을 **스펙트럼 분석** 또는 **스펙트럼 해석**이라고 한다.

스펙트럼은 요리 레시피와 비슷하다. 복잡한 파동이 비장의 양념이라면 단순한 파동은 그 재료다. 비밀리에 전해 내려오는 비장의 양념도 레시피를 보면 만드는 법을 한눈에 알 수 있다. 미림: 3큰술, 소금: 1/2작은술, 식용유: 1큰술…… 이렇게 레시피에 나온 비율대로 섞으면 비장의 양념이 완성된다.

이쯤에서 잠깐 정리해 보자.

〈푸리에 변환〉

단순한 파동을 차례로 곱해 나가는 기법이다. 다양한 상황에 존재하는 복잡한 파형을 여러 개의 단순한 파동으로 분해하여 삼각함수로 나타낼 수 있다.

〈스펙트럼〉

분해한 결과를 주파수의 분포로 나타낸 것.

〈스펙트럼 분석/스펙트럼 해석〉

스펙트럼을 이용해서 여러 가지로 분석하는 것.

일상생활에 도움이 되는 푸리에 변환

지금까지 삼각함수를 사용해서 회전과 진동을 표현하는 방법을 알아보았다. 푸리에 변환은 아주 다양한 분야에서 쓰이기 때문에 응용 사례를 들자면 한도 끝도 없는데, 여기서는 가장 친숙한 음악의 예를 소개하려고 한다.

음악 재생 앱에서 노래를 틀면 가로로 늘어선 막대그래프 같은 것이 음악에 맞춰 길어졌다 짧아졌다 하는 영상이 나오기도 한다. 이것은 **오디오 스펙트럼 바**(Audio spectrum bars)라고 하는데, 듣는 사람을 즐겁게 하는 시각 효과로 자주 쓰인다. spectrum이라는 단어가 들어 있어서 눈치챈 사람도 있겠지만 사실 오디오 스펙트럼 바의 움직임은 흘러나오는 음악(음파)을 스펙트럼으로 나타낸 결괏값이다.

오디오 스펙트럼 바는 단순히 음악에 맞춘 시각 효과를 즐기기 위한 장치지만, 음악을 스펙트럼으로 나타내는 이유는 이뿐만이 아니다. 아마 **데이터 압축**이라는 실용적인 이유가 더 클 것이다. 악기가 만들어 내는 소리에는 큰 폭의 주파수의 음파가 뒤섞여 있어서 그 안에는 인간의 귀로 들을 수 없는 주파수의 소리도 포함되어 있다. 음악을 전자 데이터로 송출할 때, 인간의 귀로 들을 수 없는 소리까지 모두 포함하여 데이터로 변환하면 데이터양이 지나치게 많아져서 비효율적이다. 그래서 푸리에 변환을 통해 음파를 여러 개의 단순한 파동으로 분해하여 인간이 들을 수 없는 주파수의 파동을 제외한 뒤 데이터로 변환한다. 그러면 인간이 들을 수 없는 소리가 제외된 상태로 음악 데이터가 만들어진다. 처리 전후를 비교하면 인간에게 들리는 소리는 거의 차이가 없지만, 데이터양은 크게 줄어든다. 이런 기술 덕분에 우리는 인터넷으로 부담 없이 노래를 듣고 수만 곡을 스마트폰에 저장할 수 있다.

다른 응용 사례로 내가 일터에서 실제로 수행한 **경기순환 분석**을 소개한다. 금융 기관에서 일하면 매일 경기 동향이나 금융 시장 상황을 수학적으로 분석한다. 그런 분석의 하나로, 일단 과거 20년 정도의 기간에 대한 금융 상품 가격 추이나 경제 지표 같은 데이터를 모은다.

이런 데이터는 경기순환이나 그날그날의 뉴스 같은 다양한 요인의 영향을 받아 오르내림을 반복하므로 이 움직임은 복잡한 파동으로 간주할 수 있다. 그 파형을 푸리에 변환을 통해 단순한 파동으로 분해하면, 주기가 고작 며칠인 파동부터 수년에 이르는 파동까지 들어 있다는 사실을 알 수 있다. 주기가 며칠에서 몇 개월 정도인 파동은 그날그날의 뉴스나 국제 정세 따위에 영향받는 단기적인 움직임을 나타낸다. 한편, 주기가 수년에 달하는 파동은 경제 전체가 수년 주기로 호황과 불황을 반복하는 장기적인 경기순환을 나타낸다.

이런 방법으로 수많은 경제 데이터의 복잡한 움직임 속에 공통으로 숨겨진 경기순환에 의한 파동을 찾아낼 수 있다.

푸리에 변환은 **지진 연구**에도 응용된다. 지진으로 인한 진동은 다양한 주기의 지진파가 합쳐진 복잡한 파동으로 볼 수 있다. 따라서 지진으로 인한 진동은 푸리에 변환을 통해 다양한 주기의 지진파로 분해할 수 있다. 이를 통해 어떤 주기의 지진파가 건물에 영향을 미치는지 알아내서 내진 설계에 이용한다.

또 의료 분야에서는 **심전도나 뇌파의 파형**을 푸리에 변환을 통해 스펙트럼, 즉 주파수의 분포로 나타낸다. 그 분포의 변화로부터 병의 징후나 환자의 증세, 심리 상태 등을 파악한다. 지면 관계상 응용 사례는 여기까지 소개하지만, 현대 문명은 푸리에 변환 없이 성립하지 않는다고 할 정도로 폭넓은 분야에서 응용되고 있다.

삼각형으로 어디까지 가능할까?

이 장의 서두에서 기하학의 기본은 삼각형이라고 한 이야기를 기억하는가? 삼각형을 깊이 고찰함으로써 전국 지도를 만들고, 먼 천체까지의 거리를 측정하고, 음악 데이터를 압축하고, 지진 연구까지 할 수 있었다. 이 장을 읽기 전까지는 스마트폰으로 듣는 음악과 삼각형 사이에 깊은 연관이 있을 거라고는 생각조차 못했을 것이다. 이제부터는 음악을 들을 때마다 단위원이 머리에 떠오르고 그 안에서 삼각형이 파동을 그리는 모습을 상상할지도 모른다. 그러면 이제 머릿속에 기하학의 설치가 완료된 것이다.

이제 다음 장은 사대천왕 중 세 번째, 미적분학이다. 아마고등학교 때 처음 미적분을 접하고 좌절한 사람도 많을 것이다. 고등학교 시절, 미적분을 배우는 첫 시간에 한 친구가 손을 번쩍 들고 "선생님, 잘 모르겠어요"라고 말했다. 선생님이 어디를 모르겠느냐고 묻자 "애초에 무슨 말인지 하나도 모르겠어요"라는 대답이 돌아와서 교실이 웃음바다가 되었던 기억이 난다. 그 정도로 미적분을 어려워하는 사람이 많다. 사실미적분학을 이해하는 데도 시각적인 이미지가 중요하다. 그래서 제4장에서는 미적분학이 어떤 식으로 문제 해결에 도움이 되는지 그래프를 이용해서 시각적으로 설명하려고 한다.

제4장

미적분학(微積分學)

변화를 단순화하여
파악하는 수학

제4장의 목표는 미적분학의 사고방식을 완벽히 익히는 것이다. 제1장에서 소개했듯이 미적분학은 복잡한 움직임이나 변화를 단순화해서 파악하는 방법론이다. 미분은 '잘게 잘라서 계산하는 것', 적분은 '잘게 잘라 계산한 결과를 다시 합쳐 원래대로 되돌리는 것'이다. 이 장에서는 이런 발상을 어떻게 구체화하는지 살펴본다.

미적분학은 그 자체로 계산 방법, 계산 기술이기도 해서 계산에 관한 설명이 길어질 수밖에 없다. 하지만 중요한 것은 세세한 계산이 아니라 사고방식을 익히는 것이다. 어쩔 수 없이 수식을 통해 설명하는 부분도 있을 테지만, 되도록 그림이나 그래프를 이용해서 시각적으로 설명하려고 한다. 수식의 배후에 있는 시각적인 이미지와 단순화라는 미적분학의 기본 사상을 의식하면서 읽으면 더 좋을 것이다.

미적분학을 이해하는 데 가장 중요한 것은 그래프와 연계해서 생각하는 것이다. 그래프를 통해 시각적으로 이해해야 이미지를 잡기가 쉽다. 그래서 미적분학의 접근법과 계산 절차를 그래프로 시각화하여 이해를 도우려고 한다.

4-1 미적분학, 어디에 쓰면 좋을까?

미세하게 잘라서 단순화, 다시 쌓아서 원상복구

먼저 미적분학이 어떤 식으로 과제에 접근하는 학문인지 제1장의 내용을 복습해 보자. 제1장에서는 자동차의 속도가 변화하는 상황에서 주행 거리를 구하는 문제를 살펴보았다. 기억을 되살리기 위해 앞에 나온 표를 다시 실었다.

이동 거리를 구할 때는 초등학교에서 배운 속도 × 시간 = 거리 공식(속·시·거 공식)을 쓰면 된다. 다만, 이 공식은 속도가 시시각각 변화하는 상황에서는 쓸 수 없다. 속도가 끊임없이 변화하는 복잡한 사례를 다루려면 약간의 요령이 필요하다. 이럴 때 미적분학에서는 상황이 단순해질 때까지 잘게 잘라서 처리한다는 발상으로 문제에 접근한다. 이를 위해 아주 짧은 시간에 초점을 맞춘다. 자동차의 속도는 시시각각 변화하지만 아주 짧은 시간, 가령 0.1초만 따로 떼어 내서 보면 속도는 일정하다고 간주할 수 있을 것이다. 그래서 '속도×시간=거리' 공식을 쓸 수 있다. 이렇게 아주 짧은 시간이나 작은 변화만을 따로 떼어 내서 생각함으로써 상황을 단순화한 채로 사고를 이어 나가는 것이 미분의 접근 방식이다.

한편, 적분은 미분을 통해 잘게 잘라서 계산한 결과를 다시 합쳐서 원래대로 되돌리는 방법론이다. 자동차 문제로 말

경과 시간	그 순간의 속도계 표시	시간 간격	주행 거리 ('속도×시간 =거리'로 계산)
0.0초	50.1km/h	0.1초	1.39m
0.1초	50.5km/h	0.1초	1.40m
0.2초	50.7km/h	0.1초	1.41m
……	……	……	……
1시간 59분 59.8초	55.8km/h	0.1초	1.55m
1시간 59분 59.9초	55.4km/h	0.1초	1.54m

표 4-1 0.1초씩 잘라서 주행 거리를 조사한다 (제1장에서 발췌)

하면 총 2시간의 주행 시간을 0.1초 간격으로 나눠 '속·시·거 공식'을 적용하는 것이 미분의 발상인데, 그것만으로는 0.1초 동안 이동한 거리만 알 수 있을 뿐 정작 중요한 총 이동 거리 는 알 수 없다. 그래서 0.1초 동안의 이동 거리를 모두 더해서 최종적으로 얼마나 이동했는지 구하는 것이 적분이다.

4-2 미분과 적분의 시각적 이미지

적분은 그래프의 넓이를 구하는 것

시간을 잘게 자르면 '속도 × 시간 = 거리' 공식을 쓸 수 있 다고 이야기했는데, 상황을 시각화해 보면 무슨 말인지 더 명 확히 알 수 있다. **그림 4-2**는 **표 4-1**을 바탕으로 그린 그래프로 가로축은 경과 시간, 세로축은 차량 속도를 나타낸다.

주행 시간은 총 2시간이다. 제1장에서는 이 2시간을 0.1
초씩 나눠서 '0.1초라는 짧은 시간 동안은 속도가 일정하다
고 볼 수 있다'라는 가정을 토대로 '속·시·거 공식'을 적용했
다. **그림 4-2**에서 속·시·거 공식이 나타나 있는 부분은 길쭉
한 장방형 막대 부분이다. 이 막대는 0.1초 간격으로 나열되
어 있는데, 막대의 세로 길이는 그 순간의 차량 속도를 나타
낸다.

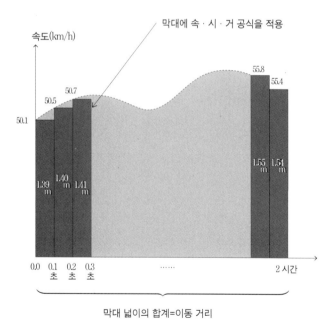

막대 넓이의 합계=이동 거리

그림 4-2 적분은 넓이를 구하는 것

이 그래프는 세로축이 속도, 가로축이 시간이므로 이동 거리는 '세로(속도)×가로(시간)'로 계산할 수 있다. 즉, 막대의 넓이는 0.1초 동안 차가 이동한 거리를 나타낸다. 그리고 막대의 넓이를 모두 더하면 총 이동 거리가 된다. 그런데 짧은 시간 동안 속도가 일정하다고 간주하더라도 어디까지나 '거의' 그렇다는 뜻이기 때문에, 실제로는 속도가 미묘하게 변한다. 그래서 그래프의 넓이를 막대로 과부족 없이 채우지는 못하고 곳곳에 약간 부족하거나 삐져나온 부분이 생긴다. 하지만 막대의 가로 폭을 아주 짧게 설정하면 과부족은 무시 가능할 정도로 작아지므로 막대 넓이의 총합을 그래프의 넓이(총 이동 거리)로 간주할 수 있다. 요컨대 시간을 잘게 잘라 '속·시·거 공식'을 사용하는 방법은 그래프를 장방형 막대로 가득 채워서 넓이를 구하는 것과 같다.

예를 들어 **표 4-1**에 따르면, 계측 시작 시점으로부터 0.2초 후 속도계 표시는 50.7km/h다. 거기서 0.1초 동안은 속도가 일정하다고 간주하므로 0.2초~0.3초 구간에 있는 막대의 길이(차량 속도)는 50.7이 된다. 이 구간에서 주행 거리는 **표 4-1**에 따르면 1.41m인데, 이것은 막대의 넓이에 해당한다. 즉, 막대의 폭은 0.1초, 길이는 50.7km/h(14.1m/s, 소수점 둘째 자리에서 반올림)이므로 막대의 넓이는 1.41m(0.1초×14.1m/s)가 된다. 이것이 0.2~0.3초 구간의 이동 거리다.

제1장에서는 '미분의 접근 방식을 따라 잘게 자른 것을 다시 합쳐서 원래대로 되돌리는 것이 적분'이라고 설명했다. 이것은 시각적으로 볼 때 그래프의 넓이를 구하는 것과 같다. 즉, 다음과 같이 나타낼 수 있다.

적분 = 그래프의 넓이를 구하는 계산

이왕이면 비즈니스에 관한 예제도 하나 살펴보자. 이 문제를 푸는 데 적분의 구체적인 계산법이나 공식은 필요 없다. 적분은 그래프의 넓이를 구하는 계산이라는 점만 파악하고 있으면 충분하다.

....

〔예제〕 스릴 있는 제트코스터를 설계하라

당신은 제트코스터 설계자다. 설계를 맡은 제트코스터의 강점은 초반의 스릴 있는 급강하다. 제트코스터는 체인 리프트로 최고 지점까지 천천히 끌어 올려 일단 정지한 다음, 경사가 급한 직선 레일을 타고 내려간다. 제트코스터의 속도는 시간의 경과에 비례하여 빨라진다. 내려가기 시작한 지 10초 뒤, 가장 낮은 지점에 도달했을 때의 속도는 초속 100m(시속 360km)에 달한다. 그렇다면 초반의 직선 레일을 얼마나 길게 설계해야 할까?

....

상황을 정리하기 위해 그래프를 그려 보자. 제트코스터는 최고 지점에 도달해서 일단 정지하므로 그때 열차의 속도는 0 이다. 그 뒤로부터는 경과 시간에 비례해서 속도가 빨라져 가장 낮은 지점에 이르면 초속 100m에 달한다. 이를 그래프로 나타낸 것이 **그림 4-3**이다.

이 그래프에서 레일의 길이를 구하려면 어떻게 해야 할까? 레일의 길이는 급강하하는 10초 동안 제트코스터가 이동하는 거리와 일치해야 한다. 따라서 이 10초간 제트코스터의 이동 거리를 계산하면 된다. 그래프의 가로축은 경과 시간, 세로축은 열차의 속도(초속)를 나타낸다. 즉, 앞에 나온 자동차 문제와 마찬가지로 그래프의 넓이가 열차의 이동 거리가 된다. 넓이를 구하려는 부분은 삼각형이므로 삼각형의 넓이를 구하는 공식 '밑변 × 높이 ÷ 2'를 적용해 보자. 밑변 = 10(초), 높이 = 100(m/초)이므로 레일의 길이는 다음과 같이 계산할 수 있다.

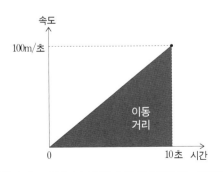

그림 4-3 제트코스터의 속도를 나타내는 그래프

레일의 길이 = 제트코스터의 이동 거리

$$= 10초 \times 100m/초 \div 2 = 500m$$

답: 레일의 길이는 500m

이 예제는 제트코스터의 속도가 시간에 비례하여 빨라진다는 단순한 전제가 있었기에 삼각형의 넓이 공식을 쓸 수 있었다. 초등학교에서 배우는 삼각형 넓이 공식을 적용하면 그만이라서 적분 계산이라는 느낌이 별로 안 들지도 모르겠다. 하지만 그래프의 넓이를 구했으니 이 또한 엄연한 적분이다. 더 정확히 말하면 삼각형 넓이 공식 자체가 적분의 접근법을 토대로 도출된 것이다. 초등학교에서는 결과로 나온 공식만 배우는데, 그 배후에는 적분이 있다. 물론 제트코스터의 속도가 더 복잡하게 변화하면 자동차 문제에서처럼 막대를 더 촘촘히 세워야 한다.

미분은 그래프의 기울기를 구하는 것

미분도 그래프를 사용하여 시각적으로 이해할 수 있다. 제1장에서는 작은 변화에 초점을 맞추는 것이 미분이라고 설명했는데, 이 또한 그래프를 사용하면 의도하는 바가 명확해진다. **표 4-1** 자동차 문제에서 이동 거리를 구하는 과제를 해결하는 데 열쇠가 된 것은 아주 짧은 시간에 주목하는 접근법이었다. 이것을 그래프로 나타내면 어떻게 되는지 보자.

이야기를 차근차근 진행하기 위해 먼저 속도가 일정한, 가장 간단한 상황을 생각해 보자. 자동차에 AI가 탑재되어 있어서 속도를 항상 일정하게 유지할 수 있는 상황이다. 이때 주행 시간과 주행 거리의 관계를 **그림 4-4**에 나타냈다. 이 그래프의 가로축은 이동 시간, 세로축은 이동 거리를 보여 준다. **그림 4-2**의 그래프는 세로축이 속도였는데, 이 그래프는 거리이므로 주의해야 한다. 그렇게 해야 설명하기 편해서 일부러 바꿨다. 속도가 일정하면 주행 시간에 비례하여 이동 거리가 늘어나므로 그래프는 직선으로 나타난다.

이 그래프와 '속·시·거 공식'의 관계를 생각해 보자. 속·시·거 공식은 '속도×시간=거리'를 말한다. 시간은 그래프의 가로

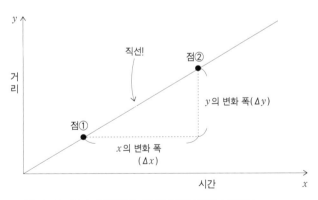

그림 4-4 속도가 일정할 때의 이동 거리 그래프

축, 거리는 세로축에 표시되어 있는데 속도는 어디에 나타나 있을까? 결론부터 말하면 그래프의 기울기가 속도를 나타낸다. 왜 그런지 '속·시·거 공식'을 사용해서 알아보자. '속도 × 시간 = 거리' 공식을 변형하면 '속도 = 거리 ÷ 시간'이 된다. 그래프상에서 자동차의 이동 거리는 y축 방향의 변화 폭, 이동 시간은 x축 방향의 변화 폭으로 나타내어지므로, '속도 = y의 변화 폭 ÷ x의 변화 폭'으로 바꿔 쓸 수 있다. 이는 곧 그래프의 기울기를 말한다. 즉, 그래프의 기울기가 속도를 나타낸다.

더 수학스럽게 변수를 사용해서 표현해 보자. 변화 폭을 나타내고 싶을 때 수학에서는 Δ(델타)라는 기호를 쓰는 관례가 있다. 예를 들어 Δx(델타 엑스)라고 쓰면 x의 변화 폭을 나타내고, Δy(델타 와이)라고 쓰면 y의 변화 폭을 나타내는 변수가 된다. 이 편리한 기호를 사용하여 자동차가 **그림 4-4** 그래프상의 점①에서 점②에 도달할 때까지 이동 시간을 Δx, 이동 거리를 Δy라고 하자. 이동 거리는 Δy, 이동 시간은 Δx라는 이름이 생겼으니 그것을 그대로 '속도 = 거리 ÷ 시간'에 넣어 보자. 그러면 다음과 같은 식이 만들어진다.

$$속도 = \frac{\Delta y}{\Delta x}$$

이렇게 속도를 수식으로 나타내 보았다.

이제 다음으로 속도가 일정하지 않은 상황을 생각해 보자. 자동차를 항상 일정한 속도로 달리게 하는 것 자체가 어렵기 때문에 이쪽이 훨씬 일반적인 상황이라고 할 수 있다. **그림 4-5**에는 속도가 일정하지 않을 때의 이동 거리 그래프가 나와 있다. 속도가 일정하지 않으면, 아까와 다르게 그래프는 곡선으로 나타난다. 여기서는 속도가 점점 떨어지는 상황을 가

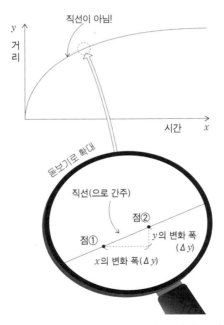

그림 4-5 속도가 변화할 때의 이동 거리 그래프

정해서 그래프를 그렸지만, 이하의 논의는 그래프의 모양과 관계없이 성립한다.

그래프가 휘어 있어서 앞에서 쓴 방법을 그대로 쓰기는 어렵다. 'y의 변화 폭 ÷ x의 변화 폭'으로 기울기를 구하는 것은 그래프가 직선일 때만 가능하다. 그래프가 곡선일 때는 x값에 따라 기울기가 변하기 때문에 이 방법을 그대로 적용할 수는 없다.

이쯤에서 자동차 문제를 풀 때 어떻게 했는지 되짚어 보자. 아주 짧은 시간 동안은 속도가 일정하다고 간주해서 문제를 풀었다. 이를 **그림 4-5**의 그래프에 적용하면, Δx를 아주 작게 만드는 것과 대응한다. x는 여기서 시간을 나타내므로 시간의 변화 폭인 Δx를 아주 작게 만드는 것은 시간을 잘게 자르는 것과 같기 때문이다. 자동차 문제에서는 주행 시간을 0.1초씩 쪼갰다. 이와 비슷하게 주행 시간 x에 관한 미세한 변화 'Δx = 0.1초간'에 주목하는 것이다. 단, Δx가 항상 0.1초간이어야 하는 건 아니고 0.01초간이나 0.0025초간이어도 상관없다. 어쨌든 어떤 변수의 변화 폭을 나타내고 싶을 때는 관습적으로 앞에 Δ를 붙인다.

아주 작은 Δx에 주목하는 것은 그래프를 돋보기로 확대하는 것과 비슷하다. 즉, 그래프 전체가 아니라 일부분만 확대해서 보는 것이다. 전체로는 곡선이더라도 일부분만 확대하면 거의 직선으로 보인다. 사실 우리는 이와 비슷한 현상을 매일 경험하고 있다. 우리는 지구라는 구체 위에서 살지만 평소에는 그냥 평지에서 사는 것처럼 느낀다. 지구가 인간에 비해 어마어마하게 크기 때문에 땅이 구면이라는 사실을 체감하지 못하는 것이다. 그래서 인류는 오랫동안 지구가 평평하다고 믿었다.

이와 비슷하게 전체로 보면 곡선인 그래프도 일부를 돋보기로 확대해서 보면 직선으로 보인다. 혹은 몸집이 개미만큼 작아진 채로 곡선 위에 서 있다고 상상해도 좋다. 지구에 사는 우리가 구면을 평면으로 착각하는 것처럼 곡선을 직선으로 착각하게 될 것이다.

그래프를 직선으로 간주하면 앞에 나온 속도가 일정한 상황과 완전히 똑같아진다. 즉, '속도 $= \dfrac{\Delta y}{\Delta x}$' 식으로 속도를 구할 수 있다. 자동차 문제는 '속도가 변화하더라도 아주 짧은 시간에 초점을 맞추면 속도가 일정하다고 간주할 수 있다'라는 발상으로 접근했는데, 이를 그래프에 관한 말로 바꾸면 다음과 같이 된다. '곡선 그래프라도 아주 작은 Δx에 초점을 맞추면 직선 그래프로 간주할 수 있다.' 문장을 쪼개면 다음과 같이 대응한다.

① 속도가 변화하더라도

② 아주 짧은 시간에 초점을 맞추면

③ 속도가 일정하다고 간주할 수 있다

① 곡선 그래프라도

② 아주 작은 Δx에 초점을 맞추면

③ 직선 그래프로 간주할 수 있다

이로써 미분의 발상을 그래프에 관한 말로 변환하는 데 성공했다. 하지만 여기서 끝이 아니다. 우리가 알고 싶은 것은 돋보기로 본 그래프의 일부분이 아니라 그래프 전체이기 때문이다. 여기서 구한 $\dfrac{\Delta y}{\Delta x}$ 라는 식(단, Δx는 매우 작다)이 전체 곡선에서 어떤 의미를 지니는지 확실히 밝혀야 한다.

그림 4-6처럼 그래프 전체를 시야에 넣은 채로 점①과 점②를 살펴보자. 아까와 같이 점①과 점②의 x 좌표 차를 Δx, y 좌표 차를 Δy라고 명명한다. 그러면 $\dfrac{\Delta y}{\Delta x}$ 는 점①과 점②를 연결하는 직선의 기울기를 나타낸다. 점①과 점②가 떨어져 있을 때(즉, Δx가 클 때) 직선은 곡선상의 두 점 ①과 ②를 관통한다. 이때 점②를 점① 쪽으로 이동시켜 보자. 점①과 점②의 x 좌표 차를 Δx라고 이름 붙였으니 점②를 점① 쪽으로 이동시키는 것은 Δx를 작게 만드는 것과 같다. 그러면 점①과 점②를 연결하는 직선의 기울기도 점점 바뀐다. 그리고

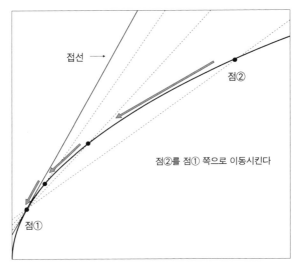

점선

점②

점②를 점① 쪽으로 이동시킨다

점①

그림 4-6 곡선상의 두 점을 연결하는 직선은 두 점이 한없이 가까워지면 접선이 된다

점①과 점②가 한없이 가까워졌을 때, 즉 Δx가 매우 작아졌을 때 직선(**그림 4-6**의 직선)은 곡선을 관통하지 않고 곡선에 접하게 된다. 이처럼 곡선을 관통하지 않고 단지 접해 있는 직선을 **접선**이라고 한다. 또 접선이 곡선에 접하는 점을 **접점**이라고 한다. 작은 Δx에 주목한다는 것은 이 접선을 구한다는 의미다.

앞에서 곡선을 돋보기로 확대해서 보면 직선과 구별되지 않는다고 말했는데, 그 직선은 바로 접선을 말한다. 실제로 접점 주변을 돋보기로 확대해서 보면 곡선과 접선은 거의 겹쳐 있다. 접점에서 곡선의 기울기는 접선의 기울기와 일치하기 때문이다. 즉, **미분이란 접선의 기울기를 구하는 계산**이다. 이번 사례에 나온 거리 그래프(세로축이 이동 거리, 가로축이 이동 시간인 그래프)에서 접선의 기울기는 그 시점의 속도를 나타낸다.

곡선과 접선의 관계를 보여 주는 구체적인 예로 이차함수 $y = x^2$의 그래프를 살펴보자. 제2장에서 설명했듯이 이차함수 그래프는 밥그릇 모양이다. 하지만 일부분을 확대하면 **그림**

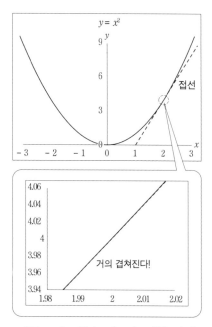

그림 4-7 $y = x^2$의 그래프와 $(x, y) = (2, 4)$를 접점으로 하는 접선

4-7처럼 접선과 거의 겹쳐 보인다. 이처럼 곡선은 아주 좁은 범위 내에서는 거의 직선과 같다고 볼 수 있다. 곡선보다 직선이 더 단순하고 다루기 쉬우므로 상당히 편리한 발상이다. 곡선을 그대로 다루지 않고 접선(이라는 이름의 직선)으로 대체하여 계산할 수 있기 때문이다. '복잡한 현상을 단순화하여 처리'하는 미분의 접근 방식을 그래프 언어로 바꿔 말하면 다음과 같다. '곡선을 근사한 접선으로 대체한다.'

4-3 요점만 간단히 알아보는 미적분 계산법

적분 계산을 해 보자

미적분의 기본적인 접근 방식을 익혔으니 이제 구체적으로 어떻게 계산하는지 알아보자.

일단 적분부터 설명하고 다음으로 미분을 설명한다. 가장 먼저 어떤 함수를 적분할지 정해야 하는데, 이때 적분되는 함수를 **피적분함수**라고 부른다. 피(被)는 '당함'을 의미하는 한자로, 부양받는 사람을 가리켜 피부양자라고 하는 것을 들어 본 적이 있을 것이다. 같은 용법으로 적분 당하는 함수를 피적분함수라고 부른다.

어떤 함수를 적분하느냐는 상황에 따라 다르므로 여기서는 일반적인 표현으로 '$y = f(x)$'라고 쓰겠다. $f(x)$는 'x의 함수

(function)'를 나타내는 기호다. 예를 들어 일차함수 $y = x$는 $f(x) = x$로 표기할 수 있다. 이차함수 $y = x^2 + x + 1$은 $f(x) = x^2 + x + 1$로 쓸 수 있다. 즉, 우변이 상황에 따라 변하기 때문에 일반적으로 $f(x)$라고 적어 두는 것이다. 이렇게 표기하면 지금부터 할 이야기가 여러 상황에 적용되는 일반적인 논의라는 사실을 나타낼 수 있다.

함수 $y = f(x)$를 적분할 때 수학에서는 '∫(인티그럴)'이라는 기호를 써서 다음과 같이 표기한다.

∫은 적분 기호라고도 불린다.

〈적분을 포함하는 수식의 표기법〉

$$\int \underline{f(x)}\ dx \quad \Leftarrow \text{의미 : 함수 } f(x)\text{를 적분한다}$$

↑
피적분함수

미적분에는 이렇게 미적분 특유의 기호가 나오는데, 의미만 알면 별것 아니니 걱정하지 않아도 된다. 이 식은 $f(x)$가 ∫과 dx 사이에 끼어 있는 형태다. 즉, '∫ □ dx' 꼴로 표기한다. 이렇게 쓰면 '□를 적분한다'라는 의미다. 왜 이렇게 쓰는지는 앞에서 본 장방형 막대를 떠올리면 이해하기 쉽다.

먼저 전제가 되는 기호부터 설명하겠다. dx는 '한없이 작아진 Δx를 나타내는 기호다. Δx(델타 엑스)를 폭으로 하는 막대가 있다고 하면, dx는 그것을 한없이 가늘게 만들었다는 의미다.

막대를 **빽빽하게** 채워 넓이를 구하는 방법은 막대를 가늘게 할수록 정확도가 높아진다. 앞에 나온 자동차 문제로 말하자면, 시간을 잘게 쪼갤수록 정확도가 높아진다. 막대를 가늘게 하는 것은 Δx를 작게 만드는 것과 같다. 이상적인 상황을 가정하여 Δx를 한없이 작게 만들면(막대를 한없이 가늘게 만들면) 막대의 넓이의 합이 그래프의 넓이와 거의 같아진다고 봐도 무방하다. 이런 고찰을 명확하게 나타내기 위해 수학에서는 한없이 작아진 Δx를 특별히 'dx'라고 표기한다. d는 differential(차이)의 머리글자다.

dx : 한없이 작게 만든 Δx

이제 적분 기호를 완전히 이해하기까지 한 발짝 남았다. **그림 4-8**은 적분 기호의 의미를 도식화한 것이다. $\int f(x)dx$의 '$f(x)dx$' 부분은 곱셈을 나타내고, 더 풀어 쓰면 '$f(x) \times dx$'가 된다. 사실 이 부분은 막대의 넓이를 나타낸다. 구체적으로 말하면 세로 길이 $f(x)$, 가로 길이 dx인 막대다. 따라서 '$f(x)$(세로 길이) $\times$ dx(가로 길이)'로 넓이를 구할 수 있다.

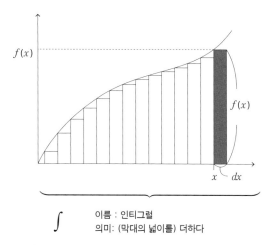

이름 : 인티그럴
의미: (막대의 넓이를) 더하다

그림 4-8 적분의 도식화

다음으로 가장 앞에 붙어 있는 $\int$은 '합하다'라는 뜻의 기호로 '인티그럴(integral)'이라고 읽는다. 이 기호의 유래는 라틴어 'summa(총합)'의 머리글자 s를 위아래로 잡아 늘인 것이다. 즉, '$\int f(x)dx$'라고 쓰면 '폭 dx, 높이 $f(x)$인 막대의 넓이를 모두 합하라'라는 뜻이 된다. 따라서 어떤 함수를 $\int$과 dx 사이에 넣으면 '이 함수(의 그래프)를 막대로 채워서 넓이를 구하라'라는 의미가 된다.

참고로 integral은 '완전한' 또는 '전체의'라는 뜻의 영어 단어인데, 미분의 방법을 따라 잘게 자른 것을 다시 합쳐서 원래의 완전한 상태로 되돌린다는 의미가 담겨 있다.

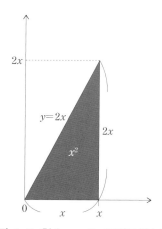

그림 4-9 함수 $y = 2x$ 그래프의 넓이

구체적인 예로 함수 $y = 2x(f(x) = 2x)$를 생각해 보자. '$\int f(x)dx$'의 $f(x)$ 부분에 $2x$를 집어넣으면 '$\int 2x dx$'가 되는데, 이것은 '함수 $y = 2x$ 그래프의 넓이를 구하라'라는 뜻이다.

이제 적분 계산 결과가 실제로 어떻게 되는지 알아보자. **그림 4-9**를 보면 구하려는 넓이는 색칠한 부분으로 삼각형 모양이다. 그래서 삼각형의 넓이를 구하는 공식 '밑변 × 높이 ÷ 2'를 사용해서 계산할 수 있다. 이때 밑변 = x, 높이 = $2x$이므로 넓이는 다음과 같다.

$x \times 2x \div 2 = x^2$

삼각형 넓이 공식을 이용하면 구할 수 있는데 굳이 '$\int 2x\,dx$'라고 써야 하는지 의문이 들 수도 있지만, 이번에는 단순한 문제여서 운 좋게 공식을 사용할 수 있었던 것뿐이다. 보통은 더 복잡해서 공식을 쓸 수 없는 경우가 많다. 한편 막대로 채워서 넓이를 구하는 방법은 다양한 형태의 그래프에 적용할 수 있어서 범용성이 압도적으로 높다. 그래서 넓이를 구하려는 부분이 삼각형이나 사각형처럼 단순한 모양일 때도, 어떤 경우에나 쓸 수 있는 일반적인 표기법을 채택하여 '$\int f(x)\,dx$'라고 쓰는 것이다.

적분 구간

지금까지 설명한 내용을 정리하면 $y = 2x$ 그래프의 넓이는 x^2라는 함수로 나타낼 수 있다. 다만 여기서 끝이 아니다. 어느 구간의 넓이를 구하느냐가 아직 명확해지지 않았기 때문이다. **그림 4-9**에서는 쉽게 설명하기 위해 가로축이 $0 \sim x$인 구간의 넓이를 회색으로 칠했는데, 누구나 이 구간의 넓이를 구하려고 하지는 않을 것이다. 상황에 따라 $x = 1$에서 $x = 10$까지 구간의 넓이를 구할 수도 있고, $x = 2.5$에서 $x = 5$까지의 넓이를 구할 수도 있다. 물론 또 다른 구간의 넓이를 구하려고 할 수도 있다. 이처럼 넓이를 구하려는 구간, 즉 적분하려는 구간을 **적분 구간**이라고 한다.

적분 구간은 그때그때 달라진다. 그래서 적분 계산에서는 일단 적분 구간을 정한 뒤, 그 구간의 넓이를 어떻게 구할지 생각해 봐야 한다. 그럼 적분 구간을 정하고 나서 어떻게 넓이를 구하는지 한번 알아보자.

예를 들어 $y = 2x$ 그래프에서 $x = 5$부터 $x = 8$까지 구간의 넓이를 구한다고 하자. 이 적분 구간의 넓이는 가로축이 $0 \sim 8$인 구간에서 가로축이 $0 \sim 5$인 구간의 넓이를 빼면 구할 수 있다. **그림 4-9**에 나와 있듯이 가로축이 $0 \sim x$인 구간의 넓이는 x^2이므로 가로축이 $0 \sim 8$인 구간의 넓이는 64가 된다($8^2 = 64$). 또 가로축이 $0 \sim 5$인 구간의 넓이는 25다($5^2 = 25$). 따라서 $x = 5$부터 $x = 8$까지 구간의 넓이는 64에서 25를 뺀 39가 된다.

계산은 이로써 끝이지만 수식을 표기하는 규칙이 따로 있으니 여기서 한번 짚고 넘어가자. 먼저 적분 구간을 명시하기 위해 $\int$(인티그럴) 오른쪽 밑에 적분 구간의 시작 지점을 적고, 오른쪽 위에 끝나는 지점을 적는다. 적분 구간의 시작 지점을 $x = a$, 끝나는 지점을 $x = b$라고 하면 $\int_a^b$같이 표기하는 것이다.

또 미적분학에서는 적분 결과로 나온 함수를 **원시함수**라고 하며, 대문자 F를 써서 $F(x)$로 표기하는 관습이 있다. 왜 원시함수라는 이름이 붙었는지 설명하기에는 아직 준비가 덜

됐기 때문에 이에 대한 설명은 나중에 하겠다.

이번 문제($f(x) = 2x$)의 원시함수는 $F(x) = x^2$이다. 따라서 아까는 $F(8) = 8^2 = 64$, $F(5) = 5^2 = 25$로부터 $F(8) - F(5)$ = 39를 도출하여 넓이를 구했다. 다만 매번 이렇게 쓰기는 번거로우므로 미적분학에서는 수식을 더 간결하게 표기하기 위해 $[F(x)]_a^b$라고 쓴다. 이것은 '$F(x)$에 $x = a$, $x = b$를 대입하여 뺄셈하라'라는 뜻이다. 즉, $[F(x)]_a^b = F(b) - F(a)$라고 정의할 수 있다. 언뜻 보기에는 어려워 보이지만 그냥 이렇게 쓰겠다는 약속일 뿐이다. 이를 이용하면 다음과 같이 간단하게 계산을 표현할 수 있다.

〈$x = 5$부터 $x = 8$까지의 넓이〉

$$\int_5^8 2x\,dx = [x^2]_8^5 = 8^2 - 5^2 = 64 - 25 = 39$$

설명은 길었지만 이렇게 수식으로 나타내면 1줄로 끝난다.

원시함수가 의미하는 것

이제 '원시함수'라는 개념이 무엇을 의미하는지 파헤쳐 보자. 넓이를 구할 때는 원시함수 $F(x)$에 적분 구간의 시작 지점인 x값과 종료 지점인 x값을 대입하여 뺄셈하면 된다. 이것은 **그림 4-11**처럼 $F(x)$를 그래프로 나타내면 더 쉽게 이해할 수 있다. 적분 구간의 오른쪽 끝인 $x = 8$을 원시함수에 대입한 $F(8)$와 적분 구간의 왼쪽 끝인 $x = 5$를 원시함수에 대입한 $F(5)$의 차가 구하는 넓이에 해당한다. 즉, 구하는 넓이는 **그림 4-11**과 같이 세로축 방향의 변화 폭으로 나타내어진다. 이처럼 원시함수는 피적분함수 그래프의 넓이를 세로축 방향의 변화 폭으로 나타내 주는 아주 편리한 함수다.

〈원시함수란〉
피적분함수 그래프의 넓이를 세로축 방향의 변화 폭으로 나타낸 함수

이로써 원시함수의 의미가 명확해졌다. 적분 구간을 필요에 따라 바꾸고 싶을 때, 적분 구간 양 끝의 x값을 원시함수에 대입하기만 하면 넓이를 구할 수 있다. 적분은 넓이를 구하는 계산이라고 설명했는데, 더 깊이 파고들어 보면 적분은 **그림 4-10** 같은 그래프의 넓이를 도출하기 위해 사용하는 **원시함수를 구하는 계산**이라고 할 수 있다.

앞에서 $F(x) = x^2$이 $y = 2x$의 원시함수라고 했는데, 사실 $y = 2x$의 원시함수는 이것만 있는 게 아니다. **그림 4-12**를 보면 무슨 말인지 알 수 있다. 여기에는 $F(x) = x^2$을 세로 방향으로 C(C는 그냥 숫자라고 보면 된다)만큼 옮긴 함수 $F(x) = $

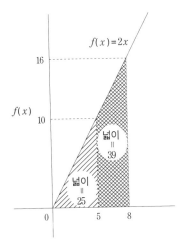

그림 4-10 피적분함수 $y = 2x$의 그래프의 넓이

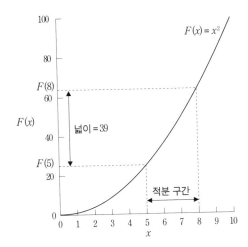

그림 4-11
원시함수의 의미

$x^2 + C$가 그려져 있다. 가령 $C = 3$이면 $F(x) = x^2 + 3$이 되고, $C = -7.5$면 $F(x) = x^2 - 7.5$가 된다. $F(x) = x^2$을 세로 방향으로 이동시킨 함수를 통틀어 $F(x) = x^2 + C$라고 표기한 것이다. **그림 4-12**에서 볼 수 있듯이 $F(x) = x^2$을 세로 방향으로 이동시킨 함수도 $F(x) = x^2$과 같이 $y = 2x$ 그래프의 넓이를 세로축 방향의 변화 폭으로 나타낼 수 있으므로 $y = 2x$의 원시함수다. 실제로 $F(x) = x^2 + 3$을 사용해서 $x = 5$부터 $x = 8$까지의 넓이를 구하면 $F(8) - F(5) = (8^2 + 3) - (5^2 + 3) = 8^2 - 5^2 = 39$가 나온다. 이는 $F(x) = x^2$으로 구한 값과 똑같다. 왜냐하면 C 부분은 뺄셈으로 소거되어 계산 결과에 영향을 미치지 않기 때문이다. 즉, 원시함수는 하나가

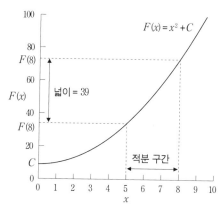

그림 4-12 원시함수를 세로 방향으로 이동시킨 함수도 원시함수다

214

아니라 어떤 원시함수를 세로 방향으로 이동시킨 모든 함수를 말한다.

이것은 수학 특유의 엄밀한 표기 방식이라서 조금 융통성 없게 느껴질 수도 있다. 비즈니스에서는 쓸 만한 답 하나만 찾으면 그걸로 충분한 경우가 많아서 $F(x) = x^2$만으로 충분하지 않냐는 의견도 나올 수 있다. 그러나 수학에서는 엄밀함을 중시해서 정의에 들어맞는 모든 것을 포괄하기 위해 $F(x) = x^2 + C$라고 표기한다. 이 또한 수학의 특징이니 '수학자들은 참 성실하구나!' 하고 가볍게 흘려들으면 된다.

적분 계산의 절차

아까는 원시함수에 적분 구간의 왼쪽 끝과 오른쪽 끝을 대입함으로써 넓이를 구했다. 그런데 실제로는 그 전 단계로서 원시함수를 구하는 절차가 존재한다. 즉, 넓이를 구하는 계산은 2단계로 구성된다. 1단계로 원시함수를 구하고, 2단계로 그 원시함수를 이용해서 넓이를 구한다. 1단계에서는 아직 적분 구간을 확실히 정할 필요가 없다. 그래서 적분 구간이 정해지지 않은 부정(不定) 상태에서 원시함수를 구하는 계산이라는 뜻으로 **부정적분**이라고 한다. 2단계에서는 적분 구간을 확실히 정한 다음 원시함수를 이용해서 넓이를 구하는데, 이 계산은 적분 구간이 정해진 상태로 이루어지므로 **정적분**이라고 한다.

〈적분 계산의 절차〉

1단계 : **부정적분**　　원시함수를 구한다

2단계 : **정적분**　　원시함수를 이용해서 그래프의
　　　　　　　　　넓이를 구한다

아까 $y = 2x$ 그래프에서 $x = 5\sim8$ 범위의 넓이를 구한 것은 정적분에 해당한다. 1단계를 건너뛰고 2단계 계산을 먼저 체험한 것이다. 1단계인 부정적분의 결과를 수식으로 나타낼 때는 적분 구간이 아직 정해지지 않았기 때문에 좌변의 $\int$에 적분 구간을 나타내는 숫자를 붙이지 않는다. 이렇게 적분 구간을 표시하는 숫자를 붙이지 않고 $\int f(x)dx$ 꼴로 적으면 '피적분함수 $f(x)$의 원시함수를 모두 구하라'라는 뜻이 되므로 등호로 연결된 우변에는 원시함수를 적는다. 앞서 설명했듯이 세로 방향으로 이동시킨 함수는 모두 원시함수에 속하기 때문에 이를 보여 주기 위해 C를 더한다. $C = 0$이면 $F(x) = x^2$이 된다.

〈부정적분의 결과〉

$$\int 2xdx = x^2 + C$$

이 *C*를 **적분상수**라고 부른다. 상수란 일정한 값을 가진 숫자를 말한다. 이동 폭을 정하면 *C*는 일정한 값이 되므로 *x* 같은 변수와 구별하여 상수라고 부른다.

고등학교 때 적분을 배웠으면, 이 공식을 교과서에서 본 적이 있을 것이다. $\int x dx = \frac{1}{2}x^2 + C$라고 배웠을 수도 있는데, 이것도 같은 의미다.

고등학교 교과서나 참고서에는 이 식을 포함하여 다양한 함수의 적분 결과가 공식으로 실려 있다. 이러한 공식도 접근 방식은 똑같다. 좌변은 피적분함수(를 $\int$과 *dx* 사이에 집어넣은 것), 우변은 원시함수를 나타낸다. 이러한 적분 공식은 과거의 수학자들이 긴 시간에 걸쳐 여러 함수의 적분 계산(1단계)을 실행해서 공식의 형태로 정리해 놓은 것이다. 교과서나 참고서에 실린 공식들은 인류가 만들어 낸 지혜의 결정체라고 할 수 있다.

지금까지 적분을 계산하는 기본적인 방법을 알아보았다. 실컷 설명해 놓고 이렇게 말하기 좀 그렇지만, 세상에는 적분 결과가 함수로 나타나지 않는 현상이 더 많다. 실은 앞에서 본 자동차의 이동 거리를 구하는 문제가 그런 사례 중 하나다. 애초에 자동차의 속도는 교통신호나 운전자의 기분 같은 우연한 요소에 좌우되므로 적분 결과(이동 거리)를 함수로 나타내기란 불가능하다. 물론 그럴 때도 '막대로 채워서 넓이를 구한다'라는 기본 발상은 범용적으로 쓸 수 있다.

　고등학교 교과서의 공식처럼 적분 결과가 함수로 나타날 수도 있고, 자동차 문제처럼 함수로 나타나지 않을 수도 있다. 하지만 결과와 상관없이 이들은 모두 엄연한 적분이다. 다만, 양자를 구별하고 싶을 때는 후자를 다른 이름으로 부르기도 한다. 적분 결과가 함수로 나타나지 않는 적분 계산을 **수치적분**이라고 한다. 적분 결과를 함수가 아니라 수치로 구한다는 의미다. 실무에 응용할 때는 적분 공식을 적용할 수 있는 사례가 오히려 더 드물므로 수치적분이 더 흔하게 쓰인다. 이 장에서 다룬 자동차의 이동 거리를 구하는 문제도, 제1장에서 나온 비행기 주변의 공기 흐름을 계산하는 문제도 모두 수치적분이다.

　학창 시절에 적분 공식을 암기하느라 고생한 경험이 있으면 수치적분의 사례가 더 많다는 사실에 허망함을 느낄 수도 있다. 하지만 이공학 및 금융공학 연구자에게는 공식을 이용한 적분 계산이 필수적이다. 이처럼 업무상 유용하게 쓰고 있는 사람도 적지 않으리라고 본다.

미분 계산을 해 보자

　다음은 미분 계산을 직접 해 볼 차례다. 예제로 이차함수 $y = x^2$을 미분해 보자. 앞에서 설명했듯이 미분 계산은 $\dfrac{\Delta y}{\Delta x}$ 를 구하는 것이다. 복습하자면, Δx는 x의 변화 폭을 의미한다(Δ 는 델타라고 읽는다). 그리고 x가 Δx만큼 증가했을 때 y의 증가 폭을 Δy로 표시한다. 여기서는 $\dfrac{\Delta y}{\Delta x}$ 의 계산 과정을 구체적으로 알아본다. $y = x^2$이므로 Δy는 $(x + \Delta x)^2$과 x^2의 차가 된다. 즉, $\Delta y = (x + \Delta x)^2 - x^2$이므로 $\dfrac{\Delta y}{\Delta x}$는 다음과 같이 나타낼 수 있다.

$$\frac{\Delta y}{\Delta x} = \frac{(x + \Delta x)^2 - x^2}{\Delta x}$$

분자가 다소 복잡하지만 약간의 계산을 거치면 간단한 식이 된다. 계산을 진행해 보자.

$$\frac{\Delta y}{\Delta x} = \frac{x^2 + 2x \cdot \Delta x + (\Delta x)^2 - x^2}{\Delta x} \Leftarrow (x + \Delta x)^2\text{를 전개한다}$$

$$= \frac{2x \cdot \Delta x + (\Delta x)^2}{\Delta x} \qquad \Leftarrow x^2\text{을 뺄셈으로 소거한다}$$

$$= 2x + \Delta x \qquad\qquad \Leftarrow \Delta x\text{로 나눈다}$$

여기까지 하면 계산은 거의 끝이다. 마무리로 변화 폭 Δx를 작게 만들어 보자. 아까처럼 돋보기로 확대해서 보는 것이다. 적분 편에서 설명했듯이 Δx를 한없이 작게 만든 것을 dx라고 한다. 이와 마찬가지로 Δy를 한없이 작게 만든 것은 dy

라고 표기한다. Δx를 0에 가까워지게 하면 결국 $2x$와 비교해서 무시해도 될 만큼 작아진다. 예를 들어 $x = 1, 2, 3 \cdots\cdots$일 때 $2x$값은 2, 4, 6$\cdots\cdots$이다. 이때 Δx가 아주 작은 값, 가령 $\Delta x = 0.000001$이라면 2, 4, 6 같은 숫자와 비교해서 0.000001은 무시해도 될 만큼 작은 값이라고 할 수 있다. 그러니까 무시해 버리자는 것이다. 그렇게 하면 결과는 다음과 같다.

$$\frac{dy}{dx} = 2x$$

Δx와 Δy를 한없이 작게 만들었다는 것을 나타내기 위해 문자를 dx와 dy로 바꿨다. 이로써 미분 계산은 끝이다. x^2를 미분하면 $2x$라는 사실을 밝혀냈다. 이처럼 미분 결과를 나타내는 함수(이 경우는 $2x$)를 **도함수**라고 한다. 미분을 통해 도출한 함수라는 뜻이다.

$\frac{dy}{dx}$ 라고 쓰면 '**y를 x로 미분한다**'라는 의미가 된다. 그 속 뜻을 살펴보면, 먼저 dx는 계속 설명했듯이 x의 아주 작은 변화를 의미한다. 그리고 dy는 x가 dx만큼 증가했을 때 y의 증가 폭을 나타낸다. 즉, 'y의 증가 폭 ÷ x의 증가 폭'이므로 $\frac{dy}{dx}$**는 그래프의 기울기를 의미**한다. 다만, dx는 아주 작은 변화이므로 그래프를 확대했을 때의 기울기에 해당한다. 이것은 앞에 나왔듯이 그래프의 접선의 기울기와 일치한다.

여기서 잠깐, 우변의 Δx는 작다는 이유로 무시했는데 좌변의 Δy와 Δx는 그대로 둬도 될까? 좌변의 $\dfrac{\Delta y}{\Delta x}$는 '작은 수를 작은 수로 나눈 비'이므로 그것이 무시할 만큼 작은 값인지 아닌지 알 수 없다. 그래서 무시할 수 없는 것이다.

작으니까 무시한다는 발상은 약간 허술해 보이기도 한다. 실제로 뉴턴과 라이프니츠가 미적분의 계산 방법을 체계화한 17세기에는 아직 정통 수학으로서 지위를 확립하지 못한 상태였다. 그 증거로 뉴턴이 저서 《프린키피아》에서 물리학 법칙을 증명했을 때도 자신이 발명한 미적분이 아니라 기하학을 사용했다. 당시 기하학은 서양 수학에서 권위 있는 존재였지만, 미적분학은 태어난 지 얼마 안 된 신생아였기 때문에 사용을 자제한 것으로 보인다. 이처럼 미적분은 받아들여지기까지 상당한 시간이 걸렸지만, 현대에 와서는 엄밀한 논의를 통해 수학적으로 검증되어 견고한 지위를 확보했다.

미분 결과를 이용해서 접선의 식을 만든다

이제 $y = x^2$의 미분을 마쳤으니 이 계산 결과가 어떤 의미인지 **그림 4-13**의 그래프를 통해 시각적으로 알아보자. 미분은 접선의 기울기를 구하는 계산이다. 따라서 '$\dfrac{dy}{dx} = 2x$'라는 계산 결과는 **접선의 기울기**를 나타낸다.

가령 $x = -1$인 지점에서 접선의 기울기$\left(\dfrac{dy}{dx}\right)$는 -2다$(2x =$

$2 \times (-1) = -2$). $x = 2$ 인 지점에서 접선의 기울기$\left(\dfrac{dy}{dx}\right)$는 4다 $(2x = 2 \times 2 = 4)$. 이렇게 이 식을 통해 각 지점에서의 기울기를 구할 수 있다. 여기서 주의할 점이 있는데, 미분은 접선의 기울기를 구하는 것이므로 접선 그 자체를 나타내는 수식을 도출하려면 추가로 1단계 더 계산할 필요가 있다.

예를 들어 $x = -1$ 지점에서의 접선(①)을 수식으로 나타내 보자. 접선은 직선이므로 제2장에서 설명했듯이 일차함수로 나타낼 수 있다. 일차함수는 $y = \square x + \bigcirc$의 꼴로 나타난다. 또 미분 결과인 $\dfrac{dy}{dx} = 2x$의 x에 -1을 대입하면 -2가 되므로 $x = -1$에서 접선의 기울기$\left(\dfrac{dy}{dx}\right)$는 -2가 된다. 즉, 접선①은 y

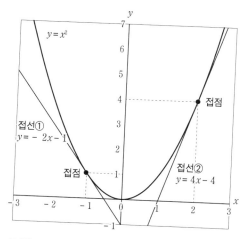

그림 4-13 곡선과 접선

= −2x + ○로 나타낼 수 있다.

접선의 정의는 곡선에 접하는 직선이므로 x = −1인 지점에서 y = x^2과 접해야 한다. 그렇게 되면 접선은 (x, y) = (−1, 1)을 지나게 된다. 이것을 접선의 식에 적용하면 1 = −2 × (−1) + ○가 되므로 ○ = −1이라는 사실을 알 수 있다. 즉, 접선①은 y = −2x − 1로 나타낼 수 있다. 이렇게 접선 그 자체의 수식을 구한다.

같은 방법으로 x = 2일 때의 접선(②)을 구해 보자. $\dfrac{dy}{dx}$ = 2x의 x에 2를 대입하면 4가 되므로 x = 2인 지점에서 접선의 기울기$\left(\dfrac{dy}{dx}\right)$는 4다. 즉, 접선②는 y = 4x + ○로 나타낼 수 있다. 접선②는 x = 2일 때 y = x^2과 접하므로 (x, y) = (2, 4)를 지난다. 이것을 접선②의 식에 대입하면 4 = 4 × 2 + ○이므로 ○ = −4라는 것을 알 수 있다. 따라서 접선②는 y = 4x − 4로 나타낼 수 있다.

미분과 적분은 역연산 관계

이제 적분은 그래프의 면적을 구하는 계산, 미분은 접선의 기울기를 구하는 계산이라는 것을 알았다. 언뜻 보면 미분과 적분은 전혀 다른 계산처럼 보이지만, 사실 아주 긴밀한 관계다. 왜냐하면 미분과 적분은 서로 반대 방향의 계산, 역연산 관계이기 때문이다.

216쪽에 나온 적분 계산에서는 $2x$를 적분해서 $x^2 + C$가 나왔다. 또 219쪽에 나온 미분 계산에서는 x^2을 미분해서 $2x$가 나왔다.

x^2을 y축 방향으로 이동시킨 함수, 예를 들어 $x^2 + 5$나 $x^2 - 7.5$도 미분하면 똑같이 $2x$가 된다. 미분의 결과 $\dfrac{dy}{dx}$는 그래프의 기울기를 나타내므로 y축 방향으로 이동시켜도 변하지 않기 때문이다. 즉, 이동 폭을 C라는 문자로 나타내면 다음과 같은 문장이 성립한다. '$x^2 + C$를 미분하면 $2x$가 된다.'

이는 아래 모식도처럼 미분과 적분이 서로 반대 방향의 계산이라는 것을 보여 주는 예다.

미분과 적분이 역연산 관계라는 것은 '**미적분학의 기본 정리**'라고 불리며, 미분과 적분을 연결 짓는 매우 중요한 정리다. 미분과 적분의 역연산 관계를 알아 두면 실제로 계산할 때 큰 도움이 된다. 왜냐하면 미분과 적분을 둘 다 할 필요 없이 하나만 하면 되기 때문이다. 예를 들어 $2x$를 적분해서 $x^2 + C$라는 결과를 얻으면 $x^2 + C$의 미분 결과는 계산할 필요도 없이 $2x$가 된다. 미분과 적분 중 하나만 계산하면 반대도 자동으로 구해지는 것이다.

부정적분의 결과를 원시함수라고 부르는 이유도 미적분학의 기본 정리와 관련되어 있다. 피적분함수를 부정적분한 결과가 원시함수인데, 미분과 적분은 역연산 관계이므로 그 원시함수를 미분하면 원래의 함수, 즉 피적분함수로 돌아간다. 관점을 바꾸면 원시함수가 모체이며 원래의 함수는 원시함수를 미분해서 생겨난 것으로 생각할 수 있다. 그러므로 모체가 되는 함수라는 의미로 원시함수라고 부른다.

미분과 적분이 역연산 관계가 되는 이유는 본편에서 설명하기에 다소 복잡하므로 아래 칼럼에서 설명하려고 한다. 칼럼을 읽지 않고 건너뛰어도 본편을 이해하는 데 지장은 없지만, 관심 있는 사람은 읽어 보는 것도 좋다.

〔칼럼〕왜 미분과 적분은 역연산 관계라고 할 수 있는가

이 칼럼에서는 미분과 적분이 역연산 관계가 되는 이유를 설명하려고 한다. 적분은 그래프의 넓이를 구하는 계산이다. 본편에서 $y = 2x$를 적분하면 $x^2 + C$가 나온다고 했는데, 이 결과는 '$y = 2x$ 그래프의 넓이'를 나타낸다. 이처럼 적분은 피적분함수 그래프의 넓이를 구하는 계산이라고 할 수 있다. 이때 피적분함수 그래프의 넓이를 S라고 하면 적분은 S를 구하는 계산이 된다. 그래서 미분과 적분이 반대 역연산 관계라면 S를 미분했을 때 원래의 피적분함수로 돌아갈 것이다. 즉, 다음과 같은 관계가 성립한다.

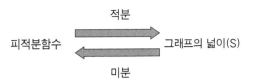

S를 미분한다는 것은 $\frac{\Delta S}{\Delta x}$를 계산하는 것이나 다름없다. 여기서 S는 x가 Δx만큼 증가할 때 S의 증가 폭을 나타낸다. 그렇다면 x가 Δx만큼 증가할 때 S는 얼마나 증가하는지 구해 보자. 그래프의 넓이는 막대의 넓이의 합으로 나타낼 수 있다. **그림 4-14**와 같이 x가 미세한 폭 Δx만큼 증가했다고 하자. 그러면 가로 폭이 Δx인 새 막대가 추가되어 그만큼 전체 넓이 S가 증가한다. 피적분함수를 '$y = f(x)$' 꼴로 나타내면 새로 추가된 막대의 넓이는 '$f(x) \times \Delta x$'가 된다. 즉, x가 Δx만큼 증가할 때 넓이의 증가 폭 ΔS는 '$f(x) \times \Delta x$'로 나타낼 수 있다는 뜻이다.

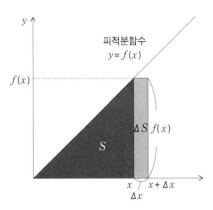

그림 4-14 x의 증가와 넓이 증가의 관계

따라서 미분은 다음과 같이 계산할 수 있다.

$$\frac{\Delta S}{\Delta x} = \frac{f(x) \times \Delta x}{\Delta x} \qquad \Leftarrow \text{넓이는 새 막대 넓이만큼 증가한다}$$

$$= f(x) \qquad \Leftarrow \Delta x \text{를 약분한다}$$

이처럼 적분 결과(그래프의 넓이)를 미분하면 원래 함수(피적분함수)로 돌아간다. 다시 말해 미분과 적분은 서로 반대 방향의 계산이라는 뜻이다.

미적분학의 최첨단을 엿보다

미분과 적분의 사고방식에 관한 설명을 마쳤으니, 이번에는 구체적인 응용 사례를 알아보자. 제1장에서는 미분을 사용하면 복잡한 현상을 단순하게 파악할 수 있다고 이야기했다. 그 구체적인 예로 자동차의 이동 거리를 구하는 문제도 풀어 보았다. 여기서는 한발 더 나아가 여러 분야에서 미적분을 어떻게 활용하는지 알아보려고 한다. 지금까지 나온 사례에서는 변수가 x와 y 두 가지만 등장해서 평면적인 그래프로 상황을 나타낼 수 있었다. 그러나 실제로 응용할 때는 대체로 변수가 더 많아서 평면 그래프로 나타내기가 어렵다. 하지만 그럴 때도 미분은 작은 변화에 초점을 맞추고, 적분은 미분 결과를 합해서 원래대로 되돌린다는 기본적인 발상만 잊지 않으면 문제를 해결해 나갈 수 있다.

코로나-19에 맞서려면 미적분이 필요하다

제1장에서 나온 코로나-19에 관한 식도 미분의 접근 방식을 활용한 것이었다. 여기서 그 식을 다시 한번 살펴보자.

〈코로나-19 감염자 수에 관한 식(다시 게재)〉

감염자 수의 증감

$$= a \times 미감염자\ 수 \times 감염자\ 수 - b \times 감염자\ 수$$

※일정 기간에 발생한   ※일정 기간 내에 완치
신규 감염자 수   또는 사망으로 감염자가
아니게 된 사람 수

(※a는 감염 확산세, b는 일정 기간 내에 완치 또는 사망한 사람의 비율)

〈변수의 정의〉

미감염자 수 : 아직 감염되지 않은 사람, 즉 앞으로 감염될
    가능성이 있는 사람 수

감염자 수 : 현시점 기준 감염된 사람 수

기억이 가물가물해졌을 수도 있으니 다시 한번 설명하면, 우변의 '$a \times$ 미감염자 수 $\times$ 감염자 수'는 일정 기간(가령 24시간) 동안 발생한 신규 감염자 수를 나타낸다. 감염자가 많아도 미감염자가 적으면 감염시킬 대상 자체가 적으므로 감염이 확산하지 않는다. 한편 미감염자가 많은 동시에 감염자도

많은 경우, 감염시키는 사람도 감염될 사람도 많기 때문에 신규 감염자가 폭발적으로 증가한다. 그런 상황을 고려하기 위해 신규 감염자 수가 '미감염자 수 × 감염자 수'에 비례한다고 가정하는 것이다. a는 감염 확산세를 나타내는 수치로, a가 커질수록 감염이 빠르게 확산한다.

'b × 감염자 수'라는 항은 완치되어 면역을 획득하거나 사망하여 감염자가 아니게 된 사람 수를 나타낸다. b는 감염자 중 일정 기간 내에 완치 또는 사망하는 사람의 비율이다. 감염자가 아니게 된 사람은 제외하고 세어야 해서 빼는 것이다.

이 식을 유심히 관찰해 보자. 좌변의 '감염자 수의 증감'은 일정 시간 동안 감염자가 몇 명 증가하느냐를 나타낸다. 여기서 시간을 time의 머리글자를 따서 t로 표기해 보자. 자동차 문제에서는 시간을 x로 표시해서 헷갈릴 수도 있지만, 문자는 사실 어떤 것이든 상관없다. 자동차 문제에서는 설명의 편의상 x를 사용했는데 시간을 나타낼 때는 관습적으로 t를 쓰는 경우가 많다. 일정 시간 간격은 Δ(델타)를 써서 Δt라고 쓸 수 있다. 그리고 Δt만큼 시간이 지났을 때 감염자 수의 증감폭은 'Δ감염자 수'라고 쓸 수 있다. 그러면 코로나−19 감염자 수에 관한 식은 다음과 같이 나타낼 수 있다.

〈**코로나19 감염자 수에 관한 식**(미분의 접근 방식을 사

$$\frac{\Delta \text{감염자 수}}{\Delta t}$$
$$= a \times \text{미감염자 수} \times \text{감염자 수} - b \times \text{감염자 수}$$

이 식은 원래 식에서 '감염자 수의 증감'을 'Δ감염자 수/Δt'로 바꾼 것이다. 이 부분은 감염자 수의 증감(Δ감염자 수)을 경과 시간(Δt)으로 나눈 것으로, 단위 시간당 감염자 수의 증감을 나타낸다. 제1장에서는 아직 미분을 배우지 않아서 '감염자 수의 증감'이라고 말로 표현했던 것을 미분에 기초하여 다시 표현한 것이다. 이렇게 미분($\frac{\Delta y}{\Delta x}$ 꼴로 이루어진 항)이 포함된 방정식을 **미분방정식**이라고 한다.

사실 이 식만으로는 감염 확산을 시뮬레이션하기 어렵다. 왜냐하면 감염 확산 양상을 파악하려면 '미감염자 수'와 '완치자 또는 사망자 수'의 추이도 알아야 하기 때문이다. 그래서 이들을 위한 미분방정식을 따로 세울 필요가 있다.

먼저 미감염자 수는 신규 감염자 수가 증가하는 만큼 감소하므로 다음과 같은 미분방정식을 세울 수 있다. 방정식의 좌변은 미감염자 수의 증감을 나타낸다. 그리고 우변은 앞의 미분방정식에 나온 신규 감염자 수 항에 마이너스를 붙인 것이다. 즉, 신규 감염자가 나오면 같은 수만큼 미감염자 수가 줄어든다는 것을 나타낸다.

〈미감염자 수에 관한 미분방정식〉

$$\frac{\Delta 미감염자 수}{\Delta t} = -a \times 미감염자 수 \times 감염자 수$$

<u>※일정 기간에 발생한 신규 감염자 수</u>

다음으로 완치자 또는 사망자 수를 알아보자. 완치자와 사망자를 묶어서 취급하는 이유는 양쪽 모두 타인에게 감염시킬 우려가 없다는 의미에서 똑같기 때문이다(완치자는 면역이 생기므로 감염시킬 우려가 없다고 판단). 먼저 '감염자'가 되고, 그로부터 일정 기간이 지나면 일정 비율이 '회복자 또는 사망자'로 전환한다고 할 수 있으므로 미분방정식은 다음과 같이 나타난다. 여기서 b는 일정 기간에 감염자가 완치 또는 사망하는 비율을 나타낸다.

$$\frac{\Delta 완치자 또는 사망자 수}{\Delta t} = b \times 감염자 수$$

<u>※일정 기간 내에 완치 또는 사망하여 감염자가 아니게 된 사람 수</u>

이 3가지 미분방정식을 사용하면 감염 확산을 시뮬레이션할 수 있다. 지금 소개한 방법은 전 인구를 '미감염자 (Susceptible)', '감염자(Infected)', '완치자 또는 사망자 (Recovered)'로 구분하므로 그 머리글자를 따서 SIR 모델이라고 부른다. 이 미분방정식을 사용하면 어떤 상황에서 감염

자가 폭발적으로 증가하는지, 어디까지 접촉을 제한해야 감염이 줄어드는지 구체적으로 알아낼 수 있다. 전염병 전문가는 이런 미분방정식을 이용한 분석을 통해 다양한 정보를 얻어 전염병 대책을 세운다.

이런 수리 모델이 없으면 얼마나 접촉을 제한해야 감염이 줄어드는지 몰라서 '일단 방에 틀어박혀 가족과도 만나지 말고 접촉을 100% 차단하라'라는 지침을 내렸을지도 모른다. 그렇게 하면 경제는 완전히 붕괴할 것이다. 인간은 모르는 것을 과도하게 두려워하는 경향이 있다. 미분방정식을 사용하여 감염 확산을 예측한 덕분에 더 균형 있는 대책을 내놓을 수 있었다. 정치적 혼란으로 인한 대응 지연은 있었을지도 모르나, 그런 와중에도 전문가 집단이 일관적인 자세로 조언을 계속할 수 있었던 것은 이런 수리 모델에 의한 치밀한 분석이 있었기 때문이다. 전염병에 맞서려면 미적분학이 꼭 필요하다.

우주 시대를 연 치올콥스키의 공식

최근에는 민간 기업에 의한 로켓 발사가 잇따라 성공하면서 비즈니스의 영역이 우주로 확장되고 있다. 이런 우주 시대의 계기를 만들었다고 할 수 있는 것이 1897년 콘스탄틴 치올콥스키가 제창한 로켓에 관한 공식이다.

이 공식은 로켓의 추진 원리를 보여 준다. 현대의 로켓은 하부에서 격렬하게 불꽃을 분사하여 그 힘으로 우주를 향해 날아가는데, 이 분사되는 불꽃을 추진제라고 한다. 간략하게 말하면 로켓은 탑재된 연료를 격렬하게 태워 그때 발생하는 가스를 힘차게 분사함으로써 날아간다. 그 분사되는 물질이 바로 추진제다. 사실 로켓의 질량에서 9할은 연료다. 이 연료를 태워서 추진제를 분사함으로써 날아가기 때문에, 로켓의 질량은 날아가는 사이에 조금씩 줄어든다.

따라서 날아가는 도중의 로켓 질량을 m(질량을 나타내는 mass의 머리글자), 추진제의 분사 속도를 w라고 하면 로켓의 속도는 다음과 같이 나타낼 수 있다. 그리고 이것이 바로 치올콥스키 공식이다.

〈치올콥스키 공식〉

로켓의 속도 $= w \int \dfrac{1}{m} dm$

w : 추진제의 분사 속도

m : 로켓의 질량

바로 이해하기는 어렵지만, 이 장을 여기까지 읽었으면 이것이 적분 계산이라는 사실을 눈치챘을 것이다. 식의 의미를 간단히 설명하면, 우변에 w가 곱해져 있기 때문에 분사 속도가 빠를수록 로켓이 빠르게 날아간다. 이것은 직감과도 일치한다. $\int \frac{1}{m} dm$ 부분이 조금 까다로운데, m이라는 문자를 x로 치환하여(그저 이름에 불과하므로 어떤 문자를 써도 상관없다) $f(x) = \frac{1}{x}$ 라고 쓰면 $\int f(x)dx$라는 익숙한 꼴이 된다. 즉, 이 부분은 $f(x) = \frac{1}{x}$ 을 적분하라는 뜻이다(x는 로켓의 질량). 계산 순서는 지금까지 이 장에서 설명한 그대로다. 로켓의 질량 변화를 계산하여 그 역수($\frac{1}{m}$)를 그래프에 표시한 다음 막대로 채워 넓이를 구하면 된다.

참고로 비행 중인 로켓의 질량은 원래 질량에서 그 시점까지 분사된 추진제의 총 질량을 빼면 구할 수 있다. 인류를 달에 보낸 아폴로 11호를 포함한 모든 로켓은 이 치올콥스키 공식을 바탕으로 설계되었다.

주가 변동을 수식으로

다음 응용 사례로 주가 변동을 살펴보자. **그림 4-15**는 닛케이 평균 주가의 변동을 나타낸 것이다. 복잡하게 들쭉날쭉한 모양이라서 얼핏 보면 수식으로 나타내기 어려워 보인다. 그러나 미분을 이용해서 Δt(t는 time의 머리글자)라는 짧은 시간의 변동에 초점을 맞추면 주가 변동을 다음과 같은 수식으로 나타낼 수 있다.

〈주가 변동의 식〉

Δ주가 = 성장률 × 주가 × Δt + 변동률 × 주가 × ΔW

※경제 성장에 따른 상승　　　※불규칙적 움직임

수식을 설명하자면, 주가는 일반적으로 경제 성장에 따라 일정한 비율로 상승한다. 그 성장을 나타내는 것이 '성장률 × 주가 × Δt' 항이다. 예를 들어 주가 성장률을 연 5%, 현시점의 주가를 10,000엔, Δt를 1일이라고 하자. 1년은 약 260영업일이므로 $\Delta t = \dfrac{1}{260}$ 이 된다(주가 성장률을 연 단위로 계산하기 때문에 Δt도 연 단위로 나타내야 한다). 이때 '성장률 × 주가 × Δt' 부분을 계산하면 5% × 10,000엔 × $\dfrac{1}{260}$ = 1.9엔이 나오므로 주가는 하루에 1.9엔씩 상승한다는 사실을 알 수 있다(소수점 둘째 자리에서 반올림).

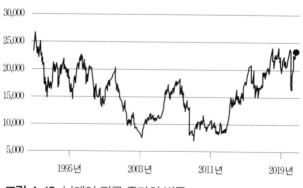

그림 4-15 닛케이 평균 주가의 변동

그러나 주가가 항상 순조롭게 상승하기만 하는 건 아니다. 경제적인 이슈나 거래 상황 등 불규칙한 요인의 영향도 받는다. 그 불규칙한 변동을 나타내는 것이 '변동률 × 주가 × ΔW' 항이다. ΔW는 불규칙한 움직임에 의한 변화를 나타낸다. 수학에서는 위너(Wiener) 과정을 사용해서 불규칙한 움직임을 나타내므로 그 머리글자를 따서 W라고 표기한다. 위너 과정이란 술 취한 사람이 비틀거리는 듯한 불규칙한 움직임을 수학적으로 나타낸 것이다. 그리고 '변동률'은 주가 변동의 정도를 나타내며, 변동이 심한 종목일수록 큰 값으로 나타난다.

복잡하게 변동하는 주가도 미분을 이용하면 수식으로 나타낼 수 있다.

이 수식은 주가를 분석하는 데 필수적인 식으로, 경제학 및 금융공학 연구에 쓰인다. 주식 옵션은 주식을 미리 약정된 가격에 사고파는 권리를 말하며 전 세계 금융 기관에서 매매가 이루어지는데, 이것을 얼마에 매매할지 계산할 때도 이 수식을 사용한다.

수식만 만들면 그다음은 식은 죽 먹기

지금까지 미적분학의 응용 사례를 몇 가지 소개했다. 미적분학은 여기서 소개한 사례 말고도 수많은 응용 사례가 있으며 우리 문명을 지탱한다고 해도 과언이 아니다. 제1장의 비행기 문제에서 나온 공기의 흐름을 나타내는 '나비에–스토크스 방정식'도 미분방정식의 일종이다.

그 밖에도 금융공학을 뒷받침하는 '블랙–숄즈 방정식', 열의 전달 방식을 나타내는 '열전도 방정식', 스마트폰 등에서 나오는 전자기파의 거동을 나타내는 '맥스웰 방정식', 물체의 운동을 나타내는 '운동 방정식', 음파나 지진파의 움직임을 나타내는 '파동 방정식', 건축에서 들보의 휜 정도를 계산하는 '탄성곡선 방정식' 등이 있다. 이처럼 미분방정식은 다양한 분야에서 활약하고 있다.

미분방정식은 아주 작은 변화에 초점을 맞춤으로써 복잡한 현상을 단순화하여 수식으로 나타낸다. 작은 변화의 세계에서 여러 가지 계산을 수행한 뒤 적분을 통해 원래대로 되돌린다. 미적분을 통해 인류는 수많은 현상을 수식화하여 계산하는 데 성공했다.

현대 문명은 미적분 없이 성립하지 않는다고 할 정도로, 미적분은 다양한 분야의 바탕을 이루고 있다. 그리고 앞으로도 우리는 미적분의 은혜를 누리며 살아갈 것이다.

제5장은 드디어 마지막 장이다. 최후의 사대천왕은 방대한 데이터를 다루는 통계학이다. 오늘날은 빅데이터 시대라고 일컬어질 정도로 날마다 방대한 정보가 생성된다. 이 정보를 지

배하는 자가 세계를 지배한다고 해도 과언이 아니다. 이런 시대를 맞이하여 데이터를 분석해서 지식을 얻는 통계학에 큰 관심이 쏠리고 있다. 그래서 마지막 장에서는 시대의 총아라고 불리는 통계학의 큰 틀을 파악하고 최신 응용 사례를 알아보고자 한다.

제5장

통계학(統計學)

빅데이터 시대를
살아가기 위한 수학

드디어 마지막 장이다. 이 장에서는 수학 사대천왕 중 최후의 1인, 통계학을 소개한다.

통계학은 내려다보듯이 데이터를 관찰하여 특징을 파악하고 거기에서 지식을 얻는 학문이다. 고대 그리스에서부터 활발하게 연구가 이루어진 대수학이나 기하학과 달리 통계학의 역사는 비교적 짧다. 학문으로써 인식되기 시작한 것은 겨우 17세기부터다. 미적분학도 체계적인 학문으로 발전하기 시작한 것은 17세기 뉴턴, 라이프니츠에 의해서였으며, 이 두 분야는 사대천왕 중에서도 젊은 축에 속한다고 할 수 있다. 17세기경 유럽에서는 국가의 행정 기능이 진보하여 인구와 경제에 관한 데이터를 조직적으로 수집하고 분석하는 체제가 마련되었다. 하지만 방대한 데이터를 눈앞에 둔 관리들은 난감할 따름이었다. 산더미 같은 데이터를 바라보고만 있어서는 그 데이터가 결국 무엇을 말하는지 알 수 없었기 때문이다. 통계학은 이처럼 방대한 데이터의 특징을 파악하여 지식을 얻는 방법론을 확립하고자 하는 사회적 수요에 의해 탄생했다.

통계학은 크게 3가지 분야로 나눌 수 있다.

①기술 통계학

데이터의 특징을 알기 쉽게 기술한다.

②추측 통계학

제한된 데이터로부터 전체 상황을 추측한다.

③베이즈 통계학

새로운 데이터를 학습하여 예측을 수정한다.

첫 번째는 방대한 데이터의 해석 방법을 체계화한 **기술 통계학**이다. 기술 통계학은 3가지 통계학 중 가장 먼저 등장한 것으로, 통계학 전체의 토대를 이룬다.

두 번째는 제한된 데이터로부터 전체 상황을 추측하는 **추측 통계학**이다. 추계 통계학이라고도 한다. 선거의 승패나 신약의 효과를 추측하기 위해 유권자 전체를 인터뷰하거나 전 세계 모든 환자를 대상으로 시험하는 것은 비현실적이다. 이럴 때 출구 조사나 임상 시험같이 일부를 조사해서 전체 상황을 추측하는 추측 통계학 기법이 요긴하게 쓰인다. 이처럼 추측 통계학은 현대 문명에 없어서는 안 되는 존재다.

세 번째는 AI 시대를 맞아 주목도가 높아지고 있는 **베이즈 통계학**이다. 빅데이터 시대라고도 불리는 요즘은 매일 새로운 데이터가 생겨난다. 베이즈 통계학의 최대 특징은 새로운 데이터를 받아들여 기존 데이터에 기반한 예측을 수정하는 '학습 기능'이다. 끊임없이 새로운 데이터가 생성되는 현대 사회에서 수요가 높아지고 있는 분야다.

이 세 분야는 각각 수비 범위가 달라서 전체로 따지면 매우 다양한 주제를 포괄하기 때문에 통계학의 응용 범위는 굉장히 넓다고 할 수 있다. 데이터를 분석할 때는 그 데이터로 무엇을 하고 싶은지 목적을 확실히 하고, 그 목적에 따라 이들을 구별해서 사용한다.

5-1　기술 통계학은 요약해서 말한다

수집한 데이터를 보는 방법

기술 통계학은 데이터의 특징을 알기 쉽게 기술하는 역할을 한다. 통계학이 탄생한 배경에는 인구나 경제에 관한 방대한 데이터의 특징을 파악하여 해석하고자 하는 사회적 수요가 있었다. 이러한 수요에 정확히 부합하는 것이 기술 통계학이다. 이 수요는 현대 비즈니스에서 '엘리베이터 토크'라고 불리는 것과 밀접한 관계가 있다. 엘리베이터 토크란 엘리베이터를 타고 가는 사이에 말할 수 있을 정도로 짧고 가볍게 요점만 전달하는 대화술을 말한다. 예를 들어 출근길 엘리베이터에서 우연히 상사를 만나서, 원하는 층에 올라가는 수십 초 동안 담당 프로젝트의 진행 상황을 전달한다고 생각해 보자. 이런 상황에서는 정보를 압축해서 요점만 전달하는 것이 중요하다. 데이터를 다룰 때도 마찬가지로, 날것 그대로의 데이터는 정보량이 지나치게 많기 때문에 어떻게 압축하느냐가 포인트다.

원래 인간의 뇌는 한 번에 몇 가지 일밖에 처리하지 못한다. 이와 관련해서는 미국 인지 심리학자 조지 밀러가 1956년에 발표한 논문 〈마법의 숫자 7±2〉가 유명하다. 이 논문에서 밀러는 인간이 한 번에 머릿속에 넣어 둘 수 있는 항목은 고작 5~9개(즉 7±2개)에 불과하다고 지적했다. 아무리 데이터가 많을수록 좋다고 해도 최종적으로 그 데이터를 사용하는 것은 인간이므로, 인간이 이해하기 쉽게 정보를 압축하고자 하는 욕구가 있었다. 그래서 기술 통계학에서는 데이터의 특징을 몇 가지 수치로 나타냄으로써 알기 쉽게 만든다. 어떻게 하는지 구체적으로 알아보자.

17세 남자 고등학생의 키 데이터가 수중에 있다고 하자(**표 5-1**). 17세 남자 고등학생이 총 30만 명 정도 있다. 그 전원이 고등학교에 다니는 것은 아니지만, 고등학생만으로 범위를 좁혀도 엄청난 인원일 것이다. 그 정도로 많은 데이터를 그대로 전달받으면 우리 뇌는 과부하가 걸린다.

172.2	169.4	175.2	171.1	172.0	175.7	165.9	180.1	……
173.1	168.2	172.6	178.6	174.3	171.9	182.7	171.8	
168.2	172.3	168.9	169.0	170.5	170.8	177.5	169.2	
166.5	169.7	175.2	173.7	169.4	177.2	169.9	170.2	
……								

표 5-1 17세 남자 고등학생의 키 데이터 (cm)
(실제 데이터가 아니라 가상으로 작성한 것)

그렇다면 이 데이터를 그래프로 시각화해서 알기 쉽게 만들어 보자(**그림 5-2**). 가로축은 키, 세로축은 전체(전국의 17세 남자 고등학생)에서 차지하는 비율이다. 이 그래프를 보면 170cm 부근이 가장 많고, 거기서 ±몇cm 정도 범위에 대부분이 포함된다는 사실을 알 수 있다. 데이터의 전체적인 모습이 보이기 시작하는 것이다. 이렇게 데이터의 평균이 얼마인지, 어떻게 분포되어 있는지 알면 전체적인 경향을 파악할 수 있다. 기술 통계학에서는 데이터의 '평균'과 '분포'가 데이터의 특성을 결정한다고 여긴다. 그런데 분포 같은 경우, 눈으로 보고 판단하기에는 기준이 너무 모호하다. 평균과 분포를 수치화하여 나타내면 그것을 해당 데이터 집단의 특징으로 볼 수 있을 것이다. 그래서 평균과 분포를 어떻게 수치화하는지 알아보려고 한다.

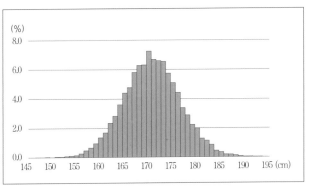

그림 5-2 17세 남자 고등학생의 키

데이터의 '평균'과 '분포'를 수치화한다

먼저 평균은 데이터의 수치를 모두 더해서 데이터 개수로 나누면 구할 수 있다.

덧붙이자면 통계학에서는 데이터의 개수를 **표본 크기**라고 부른다. 예를 들어 키 데이터가 총 100명분 있으면 표본 크기는 100이다. **그림 5-2**의 그래프는 표본 크기가 커서 계산 예시로 쓰기에는 너무 번거롭다. 그러므로 **표 5-3**의 표본 크기가 3인 예를 이용해서 구체적으로 계산해 보자. 3명의 키의 평균은 (167 + 176 + 170) ÷ 3 = 171cm다.

다음으로 분포를 나타내는 지표를 살펴보자. 데이터는 평균을 중심으로 흩어져 있는데, 개별 데이터가 평균으로부터 얼마나 떨어져 있는지를 알아내면 전체적인 분포를 알 수 있을 것이다.

먼저 1단계로 **표 5-4**와 같이 각각의 키 데이터에서 평균을 뺀 값을 구한다.

이렇게 개별 데이터에서 평균을 뺀 값을 **편차**라고 한다. 평

	키(cm)
A	167
B	176
C	170

표 5-3

	①키 (cm)	②평균 (cm)	③편차 =①−②
A	167		−4
B	176	171	5
C	170		−1

표 5-4

균을 빼고 남은 부분이라는 뜻이다. 데이터가 평균과 일치할 때 편차는 0이 되므로, 편차가 0보다 크거나 작을수록 데이터가 멀리 떨어져 있다는 뜻이다. 예를 들어 편차가 −1이나 1일 때보다 −5나 5일 때 데이터가 평균으로부터 더 멀리 떨어져 있다.

편차는 개별 데이터의 분포를 보여 준다. 그러나 우리가 알고 싶은 것은 데이터 전체의 분포 경향이다. 즉, 데이터가 평균 주위에 집중되어 있는지, 아니면 광범위하게 퍼져 있는지 알고 싶은 것이다. 전체의 경향을 파악하면 데이터를 조감하는 데 도움이 되기 때문이다. 그래서 데이터가 분포가 평균적으로 넓게 퍼져 있는지, 좁게 모여 있는지 알아낼 필요가 있다. 단순하게 생각했을 때 편차의 평균을 계산하면 전체의 평균적인 분포 경향을 알 수 있을 것 같다.

그러나 이 방법에는 문제가 있다. 실제로 **표 5-4**의 ③을 바탕으로 편차의 평균을 계산하면 어떻게 될까? 답은 바로 0이다((−4 + 5 − 1) ÷ 3 = 0). 왜냐하면 편차의 합은 반드시 0이 되기 때문이다. 데이터값이 평균보다 큰 경우 편차가 양수, 평균보다 작은 경우 편차가 음수가 되는데, 이때 양수와 음수가 같은 양으로 나오므로 모두 더하면 0이 되어 버린다. 즉, 평균을 기준으로 그보다 큰 데이터와 작은 데이터가 양쪽으로 균형을 이루기 때문에 편차의 합은 반드시 0이 된다. 상세한 증명 과정은 생략하지만, 편차의 합이 0이라는 것은 수학적으로 증명도 가능하다.

편차의 평균이 0이 되는 이유는 양수인 편차와 음수인 편차가 있기 때문이다. 그래서 편차를 제곱하여 모두 양수로 만드는 방법을 사용한다. 그러면 모두 더해서 0이 될 일도 없고, 평균과의 차이가 클수록 제곱한 값도 커지므로 데이터의 흩어진 정도를 나타내는 수치로 쓸 수 있다.

여기서 2단계로 편차 제곱의 평균을 구한다. 그러면 14라는 값이 나오는데, 통계학에서는 이 편차 제곱의 평균을 **분산**이라고 한다. 분산은 데이터가 멀리 퍼져 있을수록 큰 값으로 나타나므로 분포 경향을 나타내는 지표로 쓰인다. 다만, 제곱하는 과정에서 값이 커져서 실제 흩어진 정도와는 약간 괴리가 있다는 단점이 있다.

따라서 마지막 3단계로 분산의 제곱근을 구한다($\sqrt{\text{분산}}$을 계산한다). 제곱해서 숫자가 커졌으니 제곱근을 구해서 규모 감각을 원래대로 되돌리는 것이다. 이렇게 계산한 값, 즉 분산의 제곱근을 **표준편차**라고 부른다. 표준편차라는 단어를 뜯어 보면 '편차'는 평균으로부터 떨어진 정도를 의미한다. 또 '표준'은 어떤 기준이라는 의미를 지닌다. 즉, 표준편차는 떨어진 정도의 기준이라는 뜻을 담고 있다.

이번 예에서는 표준편차가 3.74(cm)로 나왔는데, 이것은 데이터가 평균인 171(cm)을 중심으로 대충 ±3.74cm의 폭으로 흩어져 있다는 의미다. 여기서는 표본 크기가 3밖에 안 돼서 큰 의미 없을 수도 있지만, 표본 크기가 10, ⋯⋯, 100, ⋯⋯, 1000, ⋯⋯, 10000으로 커지면 숫자를 그냥 나열하기만 해서는 흩어진 정도를 파악하기 어렵다. 이때 표준편차를 구하면, 표본 크기가 얼마나 크든 간에 정해진 계산 과정만 거치면 분포 경향을 수치화할 수 있다.

〔정리〕 **표준편차의 계산 절차**

1단계 : **편차**(평균과의 차)를 각 데이터에 계산한다.

	①키 (cm)	②평균 (cm)	③편차 =①-②
A	167		-4
B	176	171	5
C	170		-1

표 5-4 (다시 게재)

2단계 : **분산**(편차 제곱의 평균)을 계산한다.

$$\{(-4)^2 + 5^2 + (-1)^2\} \div 3 = (16 + 25 + 1) \div 3 = 14$$

3단계 : **표준편차**(분산의 제곱근)를 계산한다.

$$\sqrt{14} = 3.74\cdots\cdots$$

표준편차는 데이터의 흩어진 정도를 나타내는 데 가장 많이 쓰는 지표다. 데이터 그 자체는 방대한 숫자의 나열이므로 인간의 뇌에 다 들어가지 못하지만, 평균과 표준편차라는 2개의 수치로 정보를 압축하면 전체상이 한 번에 머릿속으로 들어온다. 평균, 분산, 표준편차같이 데이터 전체의 특징을 나타내는 수치를 **요약 통계량**이라고 부른다. 이름 그대로 데이터의 전체 상황을 요약한 수치라는 뜻이다. 참고로 **그림 5-2**의 17세 남자 고등학생 키 데이터에서 평균과 표준편차를 구하면 평균은 170.6cm, 표준편차는 5.9cm다.

요약 통계량은 평균, 분산, 표준편차 외에도 있지만 지면 관계상 지금은 대표적인 것만 소개한다. 나중에 다른 요약 통계량도 몇 가지 소개할 예정이다. 다시 한번 말하지만 요약 통계량의 기능은 데이터의 특징을 수치화하여 전체를 파악하기 쉽게 만드는 것이다.

분포 형태는 '정규분포'로 나타나는 일이 많다

통계학에는 다양한 분포 형태를 나타내는 수식이 갖춰져 있다. 데이터를 그래프로 나타내면 분포 모양을 알 수 있는데, 보통 그 분포에 맞는 수식을 적용해서 분석한다. 그중에서도 가장 자주 쓰이는 것이 **정규분포**라는 형태다.

앞에서 남자 고등학생의 키 데이터를 그래프로 그려 보았다(**그림 5-2**). 이 그래프는 평균 부근이 높이 솟아 있고 좌우 대칭인 종 모양을 하고 있다. 이 분포가 의미하는 바는 많은 사람의 키가 평균 근처이며 평균보다 극단적으로 크거나 작은 사람은 드물다는 뜻이다. 정리하면 다음과 같은 특징이 있다.

- 높이 솟은 산이 하나이며 좌우 대칭이다.
- 평균 부근의 데이터가 가장 많고, 평균에서 멀어질수록 줄어든다.
- 평균에서 극단적으로 떨어진 데이터는 거의 없다.

실제로 키 데이터를 비롯한 많은 데이터가 이런 분포 경향을 보인다. 따라서 이 범종 모양의 분포는 가장 흔하다고 할 수 있다. 이러한 분포를 정규분포라고 한다. 정규분포라는 용어는 영어의 'normal distribution(보통의 분포)'을 직역한 것에 불과하다. 요컨대 보통의 가장 흔한 분포라는 뜻이다. 정규분포는 비교적 단순한 수식으로 나타낼 수 있어서 손쉽게 다양한 분석과 계산을 할 수 있다. 이 또한 정규분포가 요긴한 이유 중 하나다. 물론 실제 데이터에는 측정 오차가 있어서 수식에 정확히 들어맞지 않지만, 꽤 높은 정밀도로 실제 데이터를 나타낼 수 있다. 어떤 데이터 X의 분포가 정규분포 수식에 근접할 때 '데이터 X는 정규분포를 따른다'라고 표현한다.

이를테면 시험 점수의 분포는 대부분 정규분포를 따른다. 평균 점수 부근의 학생이 가장 많고 평균에서 멀어질수록 해당하는 학생 수가 줄어든다. 즉, 성적이 월등히 높은 학생이나 심하게 낮은 학생은 소수라는 뜻이다. 이 점을 이용해서 학생의 성적을 수치화한 것이 학력 편차치다. 흔히 '편차치'라고 부른다.

오늘날 교육 시스템에서 성적은 시험 점수로 측정하는 것이 일반적이나, 시험의 난이도에 따라 평균 점수가 달라지므로 점수 그 자체를 객관적인 지표로 삼기는 어렵다. 시험이 때마침 어렵게 나와서 점수가 낮게 나왔는데 그것만으로 성적이 나쁘다고 판단하면 공평성이 떨어지기 때문이다. 또 학생에 따라 점수 차가 얼마나 벌어지느냐도 중요하다. 쉬운 문제만 있으면 점수 차가 많이 벌어지지 않지만, 문제 난이도가 적당하면 풀 수 있는 학생과 그렇지 않은 학생이 갈리기 때문에 점수 차가 벌어지게 된다. 가령 평균보다 10점 높은 점수를 받았을 때 그것이 얼마나 대단한 일인지는 문제의 구성에 달렸다는 뜻이다.

시험 내용에 좌우되지 않는 공정한 평가 기준을 세우려면 점수의 평균과 분포를 조정할 필요가 있다. 그래서 학력 편차치를 계산할 때는 먼저 수험생 전원의 점수 평균과 표준편차(흩어진 정도의 기준으로 $\sqrt{분산}$을 말한다)를 계산한다. 그다음 평균 점수를 받은 학생의 편차치를 50으로 둔다. 평균보다 높은 점수를 받은 학생은 점수가 표준편차만큼 높아질 때마다 편차치가 10씩 증가한다. 한편 평균보다 낮은 점수를 받은 학생은 점수가 표준편차만큼 낮아질 때마다 편차치가 10씩 감소한다.

구체적인 예를 살펴보자. 5과목 100점 만점으로 합계 500점 만점인 전국 모의고사에서 점수의 평균은 350점, 표준편차는 25점이 나왔다고 하자. 이 모의고사에서 점수가 350점인 학생의 편차치는 50이다. 그리고 평균 점수에서 점수가 25점 높아질 때마다 편차치가 10씩 증가한다. 375점이면 편차치

60, 400점이면 편차치 70이 되는 식이다. 한편 평균보다 점수가 낮은 경우, 25점 낮아질 때마다 편차치가 10씩 감소한다. 325점이면 편차치 40, 300점이면 편차치 30이 된다. 이렇게 정의하면 전체 수험생 중에서 상대적으로 어느 정도 성적인지 수치로 나타낼 수 있다.

표준편차로 희소성을 알 수 있다

표준편차를 이용하면 그 데이터가 얼마나 희소한지 알 수 있다. 정규분포일 때는 '평균±표준편차' 범위 내에 전체 데이터의 68%가 포함된다. 앞에 나온 모의고사의 예에서 평균은 350점, 표준편차는 25점이었는데, 이때 325~375점(350±25점) 구간에 68%의 학생이 들어간다. 즉, 수험생이 10,000명이라고 하면 약 7,000명은 이 범위에 속하는 것이다. 왜 68%인지는 수학적으로 설명할 수 있지만, 계산이 복잡해서 상세한 내용은 생략한다. 표준편차는 데이터의(여기서는 점수의) 흩어진 정도를 나타내는 지표라고 했다. 그렇다면 표준편차 범위 내에 포함되는 데이터의 비율을 더 자세히 알아보자. 표준편차 범위 안에는 대충 데이터 전체의 7할(정확히는 68%)이 포함된다. 정규분포가 아닌 분포는 다른 비율로 나타나겠지만, 정규분포의 비율만 알아 놔도 웬만한 문제는 해결된다.

범위를 넓히면 당연히 포함하는 데이터의 비율도 높아진다.

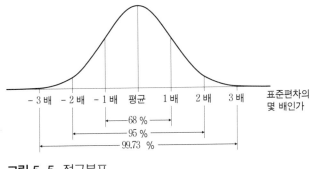

그림 5-5 정규분포

표준편차의 2배, 즉 '평균±2표준편차' 범위에는 전체 데이터의 95%가 포함된다. 그리고 '평균±3표준편차' 범위에는 전체데이터의 99.73%가 포함된다.

편차치로 따지면 편차치 40~60(50±10)인 사람 수는 전체의 68%를 차지한다. 그렇다면 편차치 80 이상인 사람은 얼마나 희소할까? 평균(편차치 50)보다 표준편차의 3배만큼 점수가 높은 사람이 편차치 80에 해당한다. 그리고 '평균±3표준편차' 범위 안에는 전체 데이터의 99.73%가 들어간다. 따라서그 범위 밖에 있는 사람은 전체의 0.27%밖에 안 된다. 정규분포는 좌우 대칭이므로 그중 절반인 0.135%는 '평균−3표준편차'보다도 점수가 낮은 사람들이다. 결국 남은 0.135%가 '평균+3표준편차'보다 점수가 높은 사람들이다. 즉, 편차치 80 이상인 사람은 전체의 0.135%밖에 안 된다. 1,000명 중 1명밖에 안 되는 희소한 존재라는 뜻이다.

정규분포를 따르는 데이터는 이밖에도 많다. 대표적인 예로 주가의 등락률과 계측 기기의 측정 오차 등이 있다. 참고로 정규분포는 18세기 수학자 아브라함 드 무아브르가 실험 데이터의 오차를 연구하는 과정에서 발견했다고 알려졌다.

왜 정규분포를 따를까?

정규분포를 따르는 사례가 많은 이유는 무엇일까? 진짜 이유는 상당히 전문적이지만 여기서는 직관적으로 설명해 보려고 한다. 키나 시험 점수의 차이에는 다소 우연적인 요인이 관여한다. 키는 유전적 요소나 성장기 영양 상태 등의 영향을 받는다. 또 연구에 따르면 시험 점수에 IQ(지능 지수)가 관여하는 정도는 40~60%라고 한다. 그리고 IQ는 지능에 관한 다수의 유전자가 어떻게 발현하느냐 하는 우연적 요소와 함께 생활 환경 등의 영향을 받아 정해진다고 알려졌다. 게다가 시험 점수에는 부모의 교육 방침이나 재력, 친구와의 경쟁, 교사의 역량, 공부 시간, 시험 당일 컨디션 등도 영향을 미친다. 주가 변동이나 실험 데이터의 측정 오차도 우연에 의한 부분이 크다. 이렇게 우연적 요소가 영향을 미치는 사례는 정규분포를 따른다.

정규분포가 '우연'으로부터 나온다는 것을 보여 주는 예가 바로 동전 던지기다. 동전을 몇 개 던져서 앞면이 나온 동전을 세는 게임이다. 각각의 동전은 앞면과 뒷면이 반반 확률로 나온다고 하자.

그림 5-6의 Ⓐ Ⓑ Ⓒ는 동전이 1개, 5개, 100개일 때의 결과를 그래프 3개로 나타낸 것이다. 가로축은 앞면이 나온 동전 개수, 세로축은 그 개수가 나올 확률이다. 동전을 1개 던졌을 때, 뒷면이 나오면 개수는 0, 앞면이 나오면 1이 되므로 Ⓐ처럼 0과 1이 각각 50%가 된다. 동전 5개를 던지면 앞면이 2~3개 나올 확률이 가장 높다. 한편, 앞면이 0개(5개 모두 뒷면)나 5개(5개 모두 앞면) 나올 확률은 상당히 낮다. 이 결과는 직감과도 일치한다.

동전이 더 늘어나서 100개가 되면 앞면이 50개 정도 나올 확률이 가장 높고, 50에서 멀어질수록 확률이 낮아진다. 또 앞면이 0개(모두 뒷면)나 100개(모두 앞면) 나올 확률은 아주 낮다는 것을 확인할 수 있다. 이것은 정규분포를 따르는 데이터의 특징과 공통된다. 실제로 동전의 개수를 점점 늘리면 앞면이 나온 개수의 분포는 정규분포에 가까워진다.

각각의 동전은 우연에 의해 뒷면이냐, 앞면이냐가 정해진다. 이 동전이 많이 모이면 전체에서 앞면이 나오는 동전이 몇 개일지 대충 알 수 있다. 이처럼 우연한 요소가 다수 모여서 전체의 결과가 정해지는 경우, 그 결과는 정규분포를 따른다.

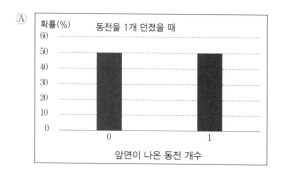

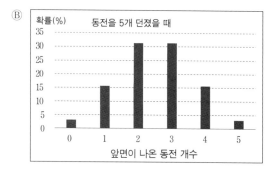

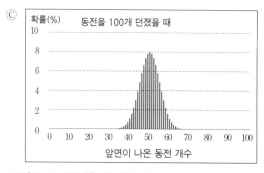

그림 5-6 동전을 던지면 앞면이 몇 개 나올까?

이것은 이미 수학적으로 증명되었는데, 이를 **'중심극한정리'**라고 한다. 중심극한정리에 대해 자세히 설명하지는 않겠지만, 정규분포를 사용하는 근거로써 그런 것이 있다는 사실 정도는 알아 두면 좋다.

시험 점수, 키, 측정 오차, 주가의 등락률 등은 동전 던지기처럼 수많은 우연적 요인이 작용한 결과, 어느 정도 불규칙한 분포로 나타난다. 우연적 요소가 합쳐져서 데이터가 불규칙하게 나타나므로 정규분포를 따르는 것이다. 또 인간뿐만 아니라 동물도 몸집 크기나 팔 길이 등이 정규분포를 따른다고 알려졌다. 이러한 특징도 무수한 우연적 요소에 의한 결과이기 때문이다.

다만, 어떤 데이터든 반드시 정규분포를 따르는 건 아니므로 무턱대고 적용해서는 안 된다. 눈으로 직접 분포를 확인하는 것도 중요하다. 예를 들어 시험 점수도 반드시 정규분포를 따른다는 보장은 없다. 시험이 지나치게 쉬운 문제와 어려운 문제만으로 구성되면, 대다수가 어려운 문제에는 전혀 손을 못 대는 와중에 일부 똑똑한 학생들만 어려운 문제를 풀어서 결과적으로 산이 2개인 분포가 나타날 수 있다. 이른바 점수의 양극화 현상이 나타나는 것이다. 이런 경우 눈으로 봐도 명백하게 범종 모양이 아니므로 정규분포를 적용할 수 없다.

정규분포를 따르는지 아닌지 판단하는 가장 간단한 방법은 그래프를 눈으로 보고 확인하는 것이다. 정규분포의 최대 특징은 산이 하나밖에 없다는 것이다. 이것을 전문용어로 **단봉분포**라고 한다. 산이 2개 이상인 분포는 다봉분포라고 하며, 정규분포의 특성을 그대로 따르지 않으므로 그때그때 상황에 맞게 대책을 세워야 한다. 전문가들은 데이터가 정규분포를 따른다고 볼 수 있는지 수학적으로 검증하는 정규성 검정이라는 기법을 사용한다. 정규성 검정을 통과하면 그 데이터는 정규분포를 따른다고 볼 수 있다.

통계학으로 거짓말을 간파하라

통계학 지식을 이용하면 거짓말도 간파할 수 있다. 앞에서 키는 정규분포를 따른다고 설명했다. 이를 염두에 두고 **그림 5-7**을 살펴보자. 이 그래프는 프랑스 군대 징병검사에서 나온 키 데이터의 그래프로, 키 157cm 전후가 정규분포에서 크게 벗어난 형태로 나타나 있다. 통계학의 아버지라고 불리는 아돌프 케틀레는 이 분포를 보고 다음과 같은 고찰을 남겼다. 당시 프랑스 군대의 징병 조건에는 키 157cm 이상이라는 항목이 있었다. 그래서 157cm보다 약간 더 큰 젊은이 중 일부가 징병을 피하려고 키를 속이는 바람에, 157cm를 살짝 웃도는 사람 수는 실제보다 적게 기록되고 살짝 밑도는 사람은 실제보다 더 많게 기록되었다는 것이다. 이처럼 분포의 이상으

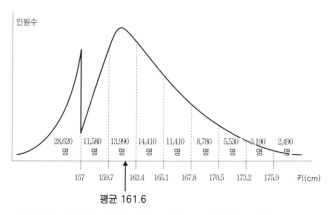

그림 5-7 프랑스 징병 검사 기록으로 추정한 키 분포

(후쿠이 유키오《지식의 통계학 2》)

로부터 뜻밖의 진실이 밝혀지기도 한다.

통계학으로 세상을 파헤치다

지금까지 평균, 분산, 표준편차, 정규분포 같은 기술 통계학의 핵심 개념을 설명했다. 그중에서도 평균은 뉴스 같은 데서 가장 흔하게 들을 수 있는 단어다. 평균 연봉, 평균 노동시간, 평균 수명 등 다양한 수치의 평균이 뉴스나 신문에 등장하여 사회 동향을 나타내는 기준으로써 기능하고 있다. 평균은 단순해 보이지만 의외로 심오해서 평균에 관한 생각을 확장하면 세상의 여러 가지 현상을 더 깊이 이해할 수 있다.

그 예로 코로나-19의 감염 확산으로 인해 나타난 이상한 현상을 소개한다. **그림 5-8**을 보면 미국 노동부에서 매달 공표하는 고용 통계가 나와 있는데, 미국 내 감염 확산 여파로 2020년 4월에 실업률이 급상승한 것을 확인할 수 있다. 그리고 노동자 평균 시급의 전월 대비 증감률을 보면 이 또한 4월에 급상승했음을 알 수 있다. 보통 경기가 불황일 때는 실업

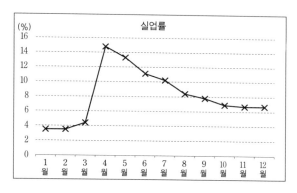

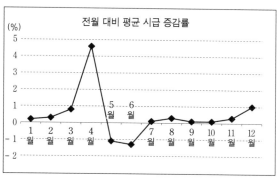

그림 5-8 2020년 미국 고용 통계
(미국 노동부 데이터를 바탕으로 저자 작성)

률이 상승하는 동시에 평균 시급이 하락하고, 경기가 호황일 때는 그 반대의 현상이 나타난다. 하지만 이번에는 어느 쪽에도 해당하지 않고 실업률과 평균 시급이 동시에 상승했다. 왜 이런 현상이 나타났을까?

이 통계의 변동에는 평균의 트릭이 숨어 있다. 이해하기 쉽게 노동자가 A~E 5명밖에 없는 상황을 가정하여 생각해 보자. 평균은 데이터를 모두 더해서 표본 크기로 나눈 값이다. 따라서 A~E의 시급이 **표 5-9**와 같다고 할 때, 평균 시급은 전원의 시급을 더해서 인원수로 나누면 나온다. 다음 계산을 통해 평균 시급은 2,740엔이라는 사실을 알 수 있다.

평균 시급
$$= \frac{500엔 + 700엔 + 1,000엔 + 1,500엔 + 10,000엔}{5}$$
$$= 2,740엔$$

그렇다면 A, B가 해고되어 실업 상태인 경우, 평균 시급은 어떻게 될까? 현재 A와 B는 일하지 않는 상태이므로 '노동자 평균 시급' 계산에서 제외된다. 그 결과 시급이 높은 C~E만 가지고 평균을 계산하게 되어 평균 시급이 4,167엔으로 대폭 상승한 것이다.

이와 같은 현상이 2020년 4월 미국에서 일어났다. 코로

	시급
A	500엔
B	700엔
C	1,000엔
D	1,500엔
E	10,000엔
평균	2,740엔

A와
B가
실업

	시급
C	1,000엔
D	1,500엔
E	10,000엔
평균	4,167엔

※A와 B는 실업 상태이므
로 계산 대상에서 제외

표 5-9 평균 시급의 변화

나-19의 급속한 확산으로 사회 활동이 대폭 제한된 상황에서 화이트칼라 직종은 재택근무로의 이행이 이루어졌지만, 접객이 필요한 레스토랑 직원 등의 저임금 노동자는 대량 해고의 피해자가 되었다. 저임금 노동자가 일자리를 잃음으로써 평균 계산에서 아예 제외되었기 때문에 평균 시급은 오히려 높아졌다.

저임금 노동자가 전례 없는 규모로 해고되는 바람에 실업률과 평균 시급이 동시에 상승하는 기현상이 나타난 것이다. 이처럼 통계학적 사고가 머릿속에 설치되어 있으면 숫자의 이면에 숨겨진 세상의 움직임을 꿰뚫어 볼 수 있다. 그리고 정부나 언론에서 내놓는 숫자를 스스로 검증할 수도 있다.

평균은 정말로 '평균적인 모습'일까?

평균은 만능이 아니라는 점도 분명 알아 둘 필요가 있다. 그 예로 뉴스에서 종종 화제에 오르는 노동자의 소득에 관해 이야기해 보려고 한다. 소득이란 수입에서 경비를 차감한 숫자를 말하며(회사원의 경우 경비가 '급여 소득공제'라는 명목으로 차감된다), 보통 세금 내기 전 금액을 가리킨다. 단순하게 생각하면 전 국민 평균 소득이 '가장 전형적인 노동자의 소득 수준'을 보여 줄 것 같은 느낌이 든다.

하지만 정말 그럴까?

그림 5-10은 일본 노동자의 소득 분포를 보여 준다. 정확히 말하면 소득 수준별로 구간을 나눠서 각 구간에 속하는 노동자 수를 막대 길이로 나타낸 것이다. 이렇게 데이터를 구간으로 나누어 각 구간에 들어가는 데이터 개수를 막대 길이로 나타낸 그래프를 **막대그래프**라고 한다. 즉, **그림 5-10**은 일본의 소득을 보여 주는 막대그래프다.

막대그래프를 보면 연 소득 200만 엔 이상 300만 엔 미만인 사람이 가장 많다는 사실을 알 수 있다. 이처럼 막대그래프에서 가장 빈도가 높은 구간을 **최빈값**이라고 한다. 최고로 출현 빈도가 높은 값이라서 최빈값이다. 즉, 일본 노동자 사이에서 가장 흔한 소득 수준은 200만 엔대라는 뜻이다. 한편 소득의 평균은 그보다 높은 552.3만 엔이다. 소득의 평균값이

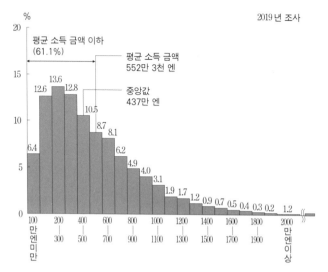

그림 5-10 일본의 소득 분포

(일본 후생노동성 '국민 생활 기초 조사 2019년'에서 발췌)

최빈값보다 높은 이유는 고소득자들이 평균을 끌어올렸기 때문이다. 소득 수준이 대단히 높은 사람도 일정 비율 존재하므로 오른쪽으로 꼬리가 긴 분포로 나타난다. 분포 형태가 좌우 대칭이면 평균은 정중앙에 위치하므로 평균이 전형적인 노동자의 모습을 보여 준다고 할 수 있을 것이다. 하지만 실제 분포는 좌우 비대칭이고 노동자의 61.1%가 평균 소득 수준에 못 미친다. 즉, 평균이 전형적인 노동자의 소득 수준을 나타낸다고 말하기는 어렵다.

소득 분포같이 좌우 비대칭인 분포를 다룰 때는 데이터의 분석 지표로 평균 이외의 수치를 참고하기도 한다. 그중 하나는 방금 설명한 최빈값이고 다른 하나는 **중앙값**이다. 중앙값이란 데이터를 크기순으로 나열했을 때 정확히 중앙에 오는 값이다. **표 5-9**에서는 시급이 낮은 순으로 A, B, C, D, E를 나열했다. 이때 C는 위에서 세어도 세 번째, 밑에서 세어도 세 번째이므로 정확히 중앙에 위치한다. 즉, C의 시급 1,000엔이 중앙값에 해당한다. 표본 크기가 클 때도 마찬가지로, 1,001명이 있으면 501명째의 시급이 중앙값이다. 참고로 데이터가 짝수 개일 때는 정확히 중앙에 위치하는 값이 없으므로 앞뒤 값의 평균을 사용한다. 가령 데이터가 4개면 두 번째와 세 번째 데이터를 평균 내서 중앙값으로 친다.

중앙값의 좋은 점은 극단적인 데이터가 섞여 있어도 영향을 받지 않는다는 점이다. **표 5-9**를 보면, 평균은 시급이 월등히 높은 E의 영향으로 2,740엔이지만 중앙값은 1,000엔(C의 시급)이다. 이런 사례에서는 E를 예외로 치고 나머지 A~D가 평균적인 수준이라고 보는 것이 타당하다. 중앙값은 이처럼 실제에 가까운 결과를 되찾아 준다. 데이터 사이에 섞인 극단적인 수치를 **극단값**이라고 하는데, E의 데이터는 극단값으로 봐도 무방하다. 중앙값은 극단값의 영향을 받지 않는다는 이점이 있다.

평균과 함께 최빈값과 중앙값도 요약 통계량에 속한다. 가장 흔하게 쓰이는 지표는 평균이지만, 상황에 따라 중앙값이나 최빈값도 확인하면서 균형 있게 판단하는 것이 좋다.

기술 통계학으로 할 수 있는 일

이쯤에서 간단히 정리해 보자. 기술 통계학을 사용하면 데이터로부터 여러 가지 정보를 끌어낼 수 있다. 가장 기본적인 접근 방식은 그래프를 그리는 것이다. 이렇게 데이터의 분포를 시각화하여 특징을 파악할 때, 객관성을 유지하기 위해 특징을 수치화한 것이 요약 통계량이다. 요약 통계량 중에서 가장 중요한 것은 평균, 분산, 표준편차지만, 필요에 따라 중앙값이나 최빈값 같은 그 밖의 요약 통계량도 참조하면 좋다. 데이터의 분포 형태로 가장 흔히 볼 수 있는 것은 정규분포다. 이 분포에서 벗어난 부분에 주목하면 병역 기피 같은 중요한 비밀을 발견할 수도 있다.

5-2 추측 통계학은 요리의 간 보기

하나를 보고 열을 알고 싶다면

기술 통계학을 사용하면 데이터를 다방면으로 분석할 수 있다. 하지만 애초에 데이터를 완벽하게 모으기가 어려울 때는 어떻게 하면 좋을까? 이런 사례는 상당히 많다. 예를 들어 제1장에서 소개한 신약 임상 시험도 그중 하나다. 신약을 전 세계 모든 환자에게 시험하여 데이터를 모으면 참 좋겠지만, 그게 가능할 리가 없다. 실제로는 50명, 100명 정도의 제한된 인원을 대상으로 시험한다. 이때 문제가 되는 것은 몇 명 정도를 모아야 임상 시험 결과가 신뢰할 만한 수준이 되느냐다. 1~2명으로는 턱도 없을 것이 분명한데, 그럼 100명이면 충분할까? 만약 100명으로도 충분치 않다면 몇 명을 모아야 할까? 이런 부분은 의사가 감으로 판단할 만한 문제가 아니다.

이런 상황에서 중요한 것은 전체를 대표하는 작은 규모의 데이터 집단을 만들어 그 집단을 조사함으로써 전체 상황을 추측하는 접근법이다. 그런 발상에 기초한 통계학이 바로 추측 통계학이다. 이렇게만 말하면 기술 통계학과의 차이가 명확히 드러나지 않으니 한번 정리해 보자. 기술 통계학은 눈앞의 데이터를 분석하는 기법이다. 추측 통계학은 눈앞의 데이터를 이용해서 전체 상황을 추측하는 기법이다. 즉 눈앞의 데이터 자체에 관심을 두는 것이 기술 통계학, 그로부터 추측되는 전체 상황에 관심을 두는 것이 추측 통계학이다.

형광등의 수명을 조사하라

가전제품 매장에서 파는 형광등에는 수명이 표기되어 있는

데, 이 수명은 어떻게 측정되었을까? 생산된 모든 형광등을 수명이 다할 때까지 켜 놓고 측정하는 방법은 비현실적이므로 실제로는 생산된 제품 중 일부를 무작위로 뽑아서 시험하는 방법을 사용한다.

이렇게 전체에서 무작위로 표본을 뽑아 분석하여 전체 상황을 추측하는 것이 추측 통계학의 기본적인 접근법이다. 이 방법은 요리의 간 보기와 유사하다. 요리하다가 간을 볼 때는 단 한 입이면 충분하다. 간을 보겠다고 만들던 음식을 전부 먹어 치우는 사람은 없을 것이다. 한 입만 먹어 보면 전체도 같은 맛이라고 추측할 수 있기 때문이다.

똑같은 설계도를 바탕으로 생산된 형광등은 대부분 수명도 비슷할 것이다. 하지만 모든 개체가 원자 수준에서 완벽하게 일치하는 복제품은 아니다. 생산할 때 발생한 미묘한 오차의 영향으로 조금씩 다른 개체가 만들어진다고 보는 것이 자연스럽다. 따라서 수명도 완전히 똑같지 않고 어느 정도 차이가 있을 것이다. 이런 상황에서 일부를 무작위로 뽑아 평균 수명을 계산해도 그것이 모든 형광등의 평균 수명과 일치한다는 보장은 없다. 그러나 추측 통계학을 이용하면 모든 형광등의 평균 수명이 어느 정도 범위인지 알아낼 수 있다.

추측 통계학의 접근 방식을 **그림 5-11**에 정리해 놓았다. 우리가 알고 싶은 것은 생산된 모든 형광등의 평균 수명이다.

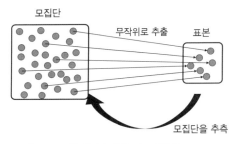

그림 5-11 추측 통계학의 접근법

이처럼 알고 싶은 대상 전체를 추측 통계학에서는 **모집단**이라고 한다. 이 경우 모집단은 생산된 모든 형광등이다. 하지만 모집단은 너무 커서 전부 조사하기 어려우므로 그중에서 몇 개만 추출해서 조사한 뒤 그 결과로부터 모집단(모든 형광등)의 평균을 추측한다. 이때 모집단에서 추출해서 만든 부분적인 데이터 집단을 **표본** 또는 **샘플**이라고 부른다.

여기서 하나 주의할 점이 있다. 표본을 추출할 때는 무작위로 뽑아야만 한다. 무슨 말이냐면 되도록 한쪽으로 치우치지 않게 뽑아야 한다는 뜻이다. 예를 들어 형광등이 5개 생산 라인에서 만들어지는 경우, 5곳에서 골고루 추출해야 한다. 추출한 표본이 특정 라인에 몰려 있으면 전체를 대표한다고 말할 수 없기 때문이다.

이 '무작위 추출'이라는 것이 추측 통계학에서는 매우 중요하다. 모집단에서 데이터를 무작위로 추출하는 것을 **랜덤 샘**

플링이라고 한다.

예를 들어 물과 기름이 분리된 드레싱을 숟가락에 떨어뜨려 맛을 보면 위층에 분리된 기름 맛만 날 것이다. 이것이 그 드레싱의 맛이라고 판단한다면 그것은 잘못된 판단이다. 드레싱을 휘저어 충분히 섞은 뒤에 맛을 보면 비로소 본래의 맛을 알 수 있다. 즉, 드레싱을 섞지 않고 맛을 보면 표본 추출에 치우침이 존재하기 때문에 잘못된 판단으로 이어진다.

표본을 추출한 다음에는 기술 통계학에서 배운 순서대로 평균과 표준편차를 계산한다. 다만, 추측 통계학에서는 모집단의 수치와 표본의 수치를 명확히 구별하므로 표본의 평균은 **표본평균**, 표본의 표준편차는 **표본표준편차**라고 구분해서 부른다. 그리고 모집단의 평균은 **모평균**이라고 한다. 요약 통계량의 이름 앞에 '표본(標本)'과 '모(母)'를 붙여서 구별한다. 따라서 형광등의 수명을 구하는 문제는 결국 모평균을 추측하는 문제다.

100개의 형광등을 무작위로 뽑아 시험한 결과 수명의 표본평균은 200시간, 표본표준편차는 10시간으로 나타났다고 하자. 모평균, 즉 생산된 모든 형광등의 평균 수명은 어느 정도일까?

주의할 점이 있다면 여기서 평균 수명은 콕 집어 특정한 수치로 나타낼 수 없다는 점이다. 어디까지나 일부를 추출해서 조사한 것이므로 반드시 오차가 발생하기 때문이다. 예를 들어 빨간 구슬 10,000개와 하얀 구슬 10,000개가 든 주머니에서 무작위로 구슬 10개를 꺼낼 때, 반드시 빨간 구슬과 하얀 구슬이 반반씩 나오란 법은 없다. 빨강이 더 많을 수도 있고 하양이 더 많을 수도 있다. 이처럼 표본 추출 과정에서는 우연에 의해 본모습(빨간 구슬과 하얀 구슬이 반반)과 달라지는 일이 생긴다. 따라서 평균 수명은 이런 추정 오차를 고려하여 정확한 수치보다는 범위로 제시하는 편이 합리적이다. 이렇게 오차를 고려하여 일정 구간을 추정치로 제시하는 것을 **구간 추정**이라고 한다.

구간 추정에는 다음과 같은 공식을 사용한다.

⟨**모평균 구간 추정 공식**(± 이하는 구간을 나타낸다)⟩

$$표본평균 \pm t값 \times \frac{표본표준편차}{\sqrt{표본\ 크기 - 1}}$$

	t값(표본 크기가 100인 경우)
90% 신뢰 구간	1.66
95% 신뢰 구간	1.98
99% 신뢰 구간	2.63

공식을 보면 첫 번째 항 '표본평균'과 두 번째 항 '±t값……' 의 두 부분으로 나뉜다는 것을 알 수 있다. 첫 번째 항에서

대뜸 표본평균이 나오는 것은 우선 모평균 = 표본평균이라고 가정하자는 뜻이다. 100개의 형광등을 무작위로 추출한 것이 확실하다면 그렇게 뽑힌 표본은 모집단과 같은 특징을 가진다고 말할 수 있다. 따라서 기본적으로 모평균=표본평균이라고 생각해도 문제없다.

그러나 앞에서 설명했듯이 오차를 고려하여 어느 정도 폭을 남겨 두고 생각할 필요가 있다. 그 폭을 나타내는 것이 두 번째 항의 ± 이하 부분이다. 두 번째 항을 보면 표본표준편차를 $\sqrt{\text{표본 크기} - 1}$로 나눈 형태다. 즉, 표본표준편차가 클수록 오차도 커진다. 데이터가 광범위하게 퍼져 있을수록 오차도 커진다는 뜻이다.

또 $\sqrt{\text{표본 크기} - 1}$에서 표본 크기는 추출한 데이터 개수를 가리킨다. 이 문제에서는 형광등 100개를 표본으로 추출했으니 표본 크기는 100이다. 추출한 데이터가 많을수록 오차는 작아진다. 주머니에서 구슬을 꺼낼 때 구슬을 10개 꺼내면 어느 한쪽이 더 많이 나올 수도 있지만, 꺼내는 구슬을 100개, 1,000개로 늘리면 빨간 구슬과 하얀 구슬의 비율이 얼추 반반으로 맞춰진다. 즉, 뽑는 데이터 수가 많아질수록 본모습(하얀 구슬과 빨간 구슬이 반반)과의 차이가 줄어드는 경향이 있다. 이와 같은 현상이 일어나는 것이다.

여기에 √가 붙는다는 점이 중요한 포인트다. 오차를 줄이고 싶을 때는 표본 크기를 늘리면 되는데, √가 붙어 있어서 오차는 그리 쉽게 줄어들지 않는다. 오차를 10분의 1로 줄이고 싶으면 표본 크기를 10배가 아니라 100배로 늘려야 한다. 이처럼 표본 크기의 제곱근이 커질수록 오차가 줄어든다는 특징을 고려해서 표본 크기를 정해야 한다. 임상 시험에서 표본 크기는 시험에 참여하는 인원수가 된다. 따라서 임상 시험에서 참여자를 얼마나 확보할지 정할 때도 이러한 오차와 표본 크기의 관계를 고려하여 정한다.

표본 크기에 √가 붙는 이유와 표본 크기에서 1을 빼는 이유는 다소 전문적인 내용이라서 깊게 파고들지 않으려고 한다. 참고로 표본 크기가 커지면 −1 부분은 계산 결과에 거의 영향을 미치지 않으므로 신경 쓰지 않아도 된다.

두 번째 항의 't값'은 오차 범위를 나타내는 계수로, 오차를 얼마나 보수적으로 예상하느냐 하는 방침에 따라 정해진다(표본 크기에 따라서도 다소 차이가 있다). t값이라고 불리는 이유는 추측 통계학의 창시자 윌리엄 고셋과 로널드 피셔가 이론을 구성하는 과정에서 이 계수를 t로 표기했기 때문이다. 95%의 신뢰도를 요구하는 경우 t값은 1.98이 된다. ○○%의 신뢰도로 추정한 구간은 ○○% **신뢰 구간**이라고 한다. 어느 수준의 신뢰도를 요구하느냐는 상황에 따라 다르지만 일반적으로 90%, 95%, 99%와 같이 설정한다.

신뢰 구간이라는 개념을 제대로 이해하려면 꽤 어려우니 잠깐 설명하고 넘어가겠다. 표본은 모집단에서 데이터를 무작위로 추출해서 만드는데, 데이터의 구성을 바꾸면 또 다른 표본을 만들 수 있다. 그리고 그 표본으로도 똑같이 모평균의 구간 추정을 할 수 있다. 이를 바탕으로 하면, 95% 신뢰 구간이란 '표본을 몇 번이고 다시 만들어서 구간 추정을 실행했을 때, 95%(100번 중 95번)의 확률로 모평균이 해당 구간에 들어감'을 의미한다. 이 부분의 정확한 의미는 매우 까다로우므로 가볍게 읽고 넘겨도 상관없다. 요컨대 모집단을 낱낱이 조사한 것이 아니므로 100% 정확하다고 잘라 말할 수 없다는 뜻이다. 추측 통계학에서는 이 부분을 확실히 하는 것이 중요하다. 어느 정도 신뢰할 수 있는지 수학적으로 나타낸 다음, 신뢰성을 얼마나 요구하느냐에 관한 판단은 이용하는 쪽에 맡긴다.

이제 공식에 직접 숫자를 대입하여 형광등의 평균 수명에 대한 95% 신뢰 구간을 계산해 보자.

$$200 \pm 1.98 \times \frac{10}{\sqrt{100-1}} = 200 \pm 1.98 \times \frac{10}{9.95}$$
$$= 200 \pm 1.99$$

따라서 95% 신뢰 구간은 198~202시간이 된다.

인구가 10배면 여론 조사도 10배로 해야 할까?

구간 추정의 재미있는 점은 모집단 그 자체의 크기, 즉 형광등이 총 몇 개인지는 식에 드러나지 않는다는 점이다. 포도주를 시음할 때, 그 포도주가 병에 들어 있든 참나무통에 들어 있든 맛보기는 한 모금이면 충분하다. 포도주의 맛을 아는 데 전체 크기는 아무 관계도 없다. 이와 비슷하게 전체에서 무작위로 추출해서 만든 표본이라면 전체의 특성을 잘 반영한다고 할 수 있다.

추정의 정확도가 모집단 크기와 상관없다는 것은 추측 통계학에서 아주 중요한 포인트다. 여론 조사 중에 정부 지지율 조사가 있는데, 이 정부 지지율에 관해서도 형광등의 수명과 비슷하게 구간 추정이 가능하다. 이때 표본 크기는 유효 응답 수가 되는데, 조사의 정확도는 그 나라 인구와는 무관하게 유효 응답 수만으로 정해진다. 즉, 중국이 한국보다 인구가 20배 이상 많다고 해서 20배의 인원에게 설문 조사를 해야 하는 것은 아니라는 뜻이다. 10,000명을 대상으로 설문 조사를 했을 때, 인구가 100만 명이면 전체 인구의 1%를 조사한 셈이지만 인구가 1억 명이면 전체 인구의 0.01%밖에 조사하지 않은 것으로 볼 수 있다. 그러나 전체 인구의 몇 %를 조사했느냐는 정확도와 무관하다. 정확도에 영향을 미치는 것은 몇 %가 아니라 몇 명을 대상으로 설문 조사를 했느냐다(보충하자면 추측 통계학은 모집단이 일일이 조사할 수 없을 정도로 큰 경우를 가정한다. 따라서 이런 이야기는 인구가 수백 명에 불과한 마을 단위에는 적용되지 않는다).

다만, 설문 조사의 대상을 뽑을 때는 전 국민이 동등한 확률로 뽑힐 수 있게 해야 한다. 특정 성별, 나이, 인종 등에 치우친 표본은 나라 전체를 대표한다고 할 수 없기 때문이다. 조사 대상을 무작위로 뽑기만 하면 인구수와 관계없이 유효 응답 수만으로 정확도가 정해지는 추측 통계학의 특성은 여론 조사를 설계할 때 중요한 전제가 된다.

그래서 여론 조사에서는 무작위성을 담보하는 것이 특히 중요하다. 흔히 쓰이는 방법은 컴퓨터로 임의의 전화번호를 생성한 뒤, 그 번호로 전화를 걸어 설문하는 방법이다. 하지만 그렇게 해도 어쩔 수 없이 치우침이 발생할 수 있다. 이를테면 특정 언론사에서 여론 조사를 하는 경우, 그 언론사를 선호하는 사람은 기꺼이 설문에 응하겠지만 그렇지 않은 사람은 무시하거나 거절할 확률이 높다. 그러면 유효 응답 수 안에 그 언론사를 지지하는 사람이 실제 비율보다 많이 포함되는 결과가 나타난다. 지역이나 전화번호로 아무리 무작위성을 확보해도 이런 치우침까지 배제하기는 쉽지 않다.

언론사마다 발표하는 정부 지지율이 상이한 것은 이러한 까닭에서다.

5-3 베이즈 통계학은 시행착오를 거쳐 똑똑해진다

베이즈 통계학의 접근법

　세 번째는 베이즈 통계학이다. 18세기 수학자 토마스 베이즈가 기초를 닦았다고 알려진 베이즈 통계학은 오랫동안 통계학계에서 주목받지 못했다. 주류인 기술 통계학이나 추측 통계학과는 접근 방식이 크게 다른 탓에 유력한 통계학자들로부터 이단 취급당했기 때문이다. 그러나 근래에 접어들어 베이즈 통계학은 급속도로 주목받고 있다. 컴퓨터의 발전으로 AI(인공지능)나 머신러닝에 관한 연구가 활발해지면서 베이즈 통계학이 그러한 분야와 상성이 잘 맞는다고 알려졌기 때문이다. 베이즈 통계학은 기술 통계학이나 추측 통계학 같은 전통적인 통계학과 비교해서 새로운 데이터가 끊임없이 밀려드는 상황에 잘 대처할 수 있다는 점이 크게 다르다.

　수중에 있는 데이터를 분석하는 도중에 새로운 데이터가 추가되었다고 하자. 기술 통계학이나 추측 통계학에서는 새로 입수한 데이터를 기존 데이터에 추가한 뒤 처음부터 다시 분석해야 한다. 기술 통계학과 추측 통계학은 수중에 있는 데이터를 어떻게 분석하느냐(혹은 수중의 데이터로부터 어떻게 전체를 추측하느냐)에 관한 요령이므로 기존 데이터와 새로운 데이터를 애초에 구별조차 하지 않는다. 따라서 새로운 데이터가 생기면 그것을 기존 데이터에 추가하여 새로운 수중의 데이터로 삼아 처음부터 다시 분석하는 수밖에 없다. 하지만 그렇게 하면 결국 두 번 고생하는 셈이다.

한편 베이즈 통계학에서는 기존 데이터를 바탕으로 분석한 결과를 손안에 그대로 두고 새로운 데이터를 반영하여 분석 결과를 업데이트한다. 분석을 처음부터 다시 하지 않고 새로운 데이터를 '학습'하여 분석을 강화해 나가는 것이다. 이런 베이즈 통계학의 접근법은 새로운 데이터가 매일 끊임없이 생겨나는 빅데이터 시대에 제격이라고 할 수 있다. 인터넷 검색 엔진, 스팸 메일 필터, AI에 의한 자율주행, 상품 구매 확률 예측, 암 검사 등 수많은 분야에서 베이즈 통계학이 활약하고 있다.

무언가를 분석할 때 항상 데이터가 충분히 있을 수는 없다. 하지만 데이터가 부족하다고 발만 동동 구르고 있으면 아무것도 시작되지 않는다. 일단 손안에 있는 데이터로 초기 예측이라도 해서 첫걸음을 내딛는 것이 중요하다.

그 후 새로운 데이터를 손에 넣으면 그것을 바탕으로 예측을 수정해 나간다. 베이즈 통계학은 이런 사고방식을 토대로 한다. 베이즈 통계학에서는 예측을 확률의 형태로 나타낸다. 예를 들어 스팸 메일 필터는 '이 메일이 스팸 메일일 확률은 70%' 같은 식으로 예측 결과를 내놓는다. 그리고 스팸 메일일

가능성이 더 커지는 조건을 발견하면 확률을 75%로 조정한다. 이런 식으로 끊임없이 예측을 수정해 나간다. 이렇게 베이즈 통계학에 기초하여 예측을 업데이트하는 프로세스를 **베이즈 추정**이라고 한다.

베이즈 통계학으로 부정 주사위를 간파하라

우선 이미지를 잡는 것이 중요하다. 예제를 통해 베이즈 추정이 어떤 것인지 알아보자.

〔예제〕 부정 주사위를 간파할 수 있을까?

당신은 라스베이거스의 치안을 지키는 보안관이다. 한 카지노의 선량한 종업원으로부터 다음과 같은 밀고가 들어왔다. "이카지노에서 사용하는 주사위 100개 안에 부정 주사위 3개가 섞여 있다. 부정 주사위는 1/3 확률로 1이 나오게 조작되어 있다. 나머지 97개는 멀쩡한 주사위라서 지금까지 눈치챈 손님은 없었다. 부정 주사위는 교묘하게 만들어져서 외관이나 무게로는 전혀 구별이 안 되므로 전문 사기꾼 외에는 알아볼 수 없다."

당신은 서둘러 카지노를 찾아가서 이렇게 말한다. "상관 명령으로 불시 검사를 나왔다. 사기 같은 건 안 칠 거라고 믿지만 일단 검사에 응해 줘야겠어." 그리고 카지노에서 사용하는 주사위 100개를 모두 가져오라고 사장에게 명한다. 당신은 전문 사기꾼이 아니라서 외관이나 무게로는 부정 주사위를 찾아낼 수 없다.

280

그래서 직접 주사위를 던져 보기로 한다. 한 주사위를 던지자 5회 연속 1이 나왔다. 이 주사위가 부정 주사위일 확률은 얼마일까?

....

5회 연속 1이 나온 시점에서 이미 몹시 수상하지만, 평범한 주사위도 1이 연속으로 나올 수 있으므로 이것만으로 부정 주사위라고 단정 짓기는 이르다. 그래서 논리적인 방법으로 이 주사위가 부정 주사위일 확률을 도출하려고 한다. 현재 우리는 다음 2가지 정보를 손에 쥐고 있다.

① 미리 알고 있던 정보(밀고의 내용)

　　주사위 97개 : 1이 나올 확률이 1/6

　　주사위 3개 : 1이 나올 확률이 1/3

② 경험을 통해 얻은 정보

　　한 주사위를 던져 보니 1이 5회 연속 나왔다.

미리 알고 있던 정보와 직접 경험해서 얻은 정보, 이 두 가지를 잘 조합하면 무언가 알 수 있을지도 모른다. 우선 미리 알고 있던 ①로부터 어떤 사실을 유추할 수 있는지 살펴보자. **그림 5-12**는 정보①을 그림으로 나타낸 것이다. 변의 길이가 1인 정사각형은 일어날 수 있는 모든 경우를 나타낸다. 100개의 주사위 중에서 하나를 골라 던졌을 때 나올 수 있는 모든 결과가 이 정사각형 안에 들어간다.

모든 주사위 중 97%(0.97)는 평범한 주사위이므로 1/6 확률로 1이 나온다. 따라서 '평범한 주사위에서 1이 나오는 경우'는 ⓐ영역에 해당한다. 한편 나머지 3%(0.03)는 부정 주사위이므로 1/3 확률로 1이 나온다. 따라서 '부정 주사위에서 1이 나오는 경우'는 ⓑ영역에 해당한다. 그 밖의 흰 부분은 '1 이외의 눈이 나오는 경우'에 해당한다.

이렇게 정보①을 도형으로 정리해 보았다. 그렇다면 이제 보안관이 직접 주사위를 던져서 알아낸 정보②를 살펴보자.

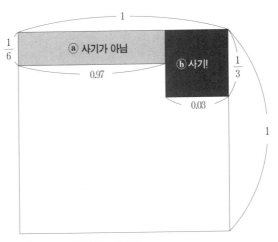

그림 5-12 확률의 겨냥도

같은 방법으로 주사위를 5번 던진 결과를 나타낸 것이 **그림 5-13**이다. 1이 5회 연속 나올 확률은 주사위를 1번 던졌을 때 1이 나올 확률을 5번 곱해서 구할 수 있다. 평범한 주사위는 1/6, 부정 주사위는 1/3을 5번 곱하면 된다. 이 그림에서는 나중에 쓰기 위해 다음과 같은 기호를 사용하고 있다. P라는 문자는 확률을 나타내는데, 이것은 확률을 의미하는 프라버빌러티(probability)의 머리글자를 딴 것이다.

P(정) : 부정 주사위가 아닐 확률 = 0.97

P(부정) : 부정 주사위일 확률 = 0.03

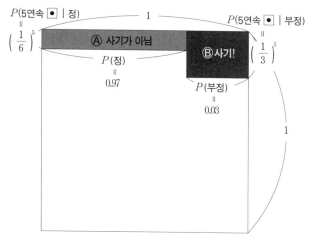

그림 5-13 주사위를 5번 던졌을 때 확률의 겨냥도

P(5연속●|정) : 부정 주사위가 아닌데 5회 연속 1이 나올 확률 = $(1/6)^5$

P(5연속●|부정) : 부정 주사위로 5회 연속 1이 나올 확률 = $(1/3)^5$

'한 주사위를 던져서 1이 5회 연속 나오는 경우'는 **그림 5-13**에서 Ⓐ영역이나 Ⓑ영역에 해당한다(나머지 흰 부분은 그 밖의 결과가 나오는 경우). 즉 ②의 경험을 통해 Ⓐ + Ⓑ로 범위가 좁혀진 것이다. 여기서 주사위가 부정 주사위인 것은 Ⓑ뿐이다. 따라서 5회 연속 1이 나왔을 때 그 주사위가 부정 주사위일 확률은 'Ⓑ의 넓이 ÷ (Ⓐ의 넓이 + Ⓑ의 넓이)'로 나타낼 수 있다. Ⓐ와 Ⓑ 모두 직사각형이므로 넓이는 가로 길이 × 세로 길이로 구할 수 있다. 정리하면 다음과 같다.

부정 주사위일 확률

$$= \frac{Ⓑ의\ 넓이}{Ⓐ의\ 넓이 + Ⓑ의\ 넓이}$$

$$= \frac{Ⓑ의\ 세로\ 길이 \times 가로\ 길이}{Ⓐ의\ 세로\ 길이 \times 가로\ 길이 + Ⓑ의\ 세로\ 길이 \times 가로\ 길이}$$

$$= \frac{P(5연속●|부정) \times P(부정)}{P(5연속●|정) \times P(정) + P(5연속●|부정) \times P(부정)}$$

$$= \left[\frac{P(5연속●|부정)}{P(5연속●|정) \times P(정) + P(5연속●|부정) \times P(부정)} \right] \times P(부정)$$

수식 전개 마지막에서 일부러 P(부정)을 다른 부분과 분리했다. 이 식을 뜯어 보면 우변 가장 오른쪽에 있는 P(부정)은 전체 주사위에서 부정 주사위가 차지하는 비율 3%(0.03)를 의미한다. 이는 보안관이 미리 알고 있던 정보다. 따라서 추가 정보가 달리 없으면 보안관이 임의로 집은 주사위가 부정 주사위일 확률은 3%다. 그런데 보안관은 그 주사위에 관해 '던져 보니 5회 연속 1이 나왔다'라는 새로운 경험적 데이터를 얻었으므로 그 주사위가 부정 주사위일 확률은 더 높아졌다고 볼 수 있다. 좌변의 '부정 주사위일 확률'은 '던져 보니 5회 연속 1이 나왔다'라는 새로운 정보를 바탕으로 업데이트된 확률을 의미한다. 따라서 [ ] 안은 새로운 데이터의 영향을 나타낸다. 식을 정리하면 다음과 같은 형태가 된다.

업데이트된 확률
    = 새로운 데이터의 영향 × 기존 확률

원래는 부정 주사위가 100개 중 3개, 즉 3%라는 사실만 알고 있었는데 주사위를 직접 던져 보고 확률을 조정하여 더 정확한 값을 찾아낸 것이다. 이러한 학습 프로세스가 식에도 나타나 있다.

베이즈 통계학에서는 처음부터 알고 있던 정보만 가지고 사전에 설정한 확률을 **사전확률**, 그 후에 얻은 정보를 바탕으로 업데이트한 확률을 **사후확률**이라고 부른다. 최종적으로 식을 정리하면 다음과 같다.

〈베이즈 정리〉

사후확률 = 새로운 데이터의 영향 × 사전확률

이 '베이즈 정리'는 베이즈 통계학의 바탕이 되는 중요한 수식이다. 요컨대 새로운 데이터의 영향을 곱하는 것만으로 확률을 업데이트할 수 있다는 것이다. 이 정리의 편리한 점은 몇 번이고 다시 쓸 수 있다는 점이다. 새로운 데이터에 기초하여 사후확률을 구했는데 또 새로운 데이터가 들어오면, 그 사후확률을 사전확률로 하여 재차 베이즈 정리를 적용하면 된다. 그렇게 새로운 데이터가 들어올 때마다 예측치를 업데이트해 나갈 수 있다.

그럼 주사위 문제를 실제로 계산해 보자.

부정 주사위일 확률

$$= \left[\left(\frac{1}{3} \right)^5 \div \left\{ \left(\frac{1}{6} \right)^5 \times 0.97 + \left(\frac{1}{3} \right)^5 \times 0.03 \right\} \right] \times 0.03$$

$$= 0.50 \qquad \text{(소수점 셋째 자리에서 반올림)}$$

이렇게 해서 확률은 50%로 나온다. 미리 알고 있던 정보 ①에 의하면 임의로 집어 든 주사위가 부정 주사위일 확률은 3%였다. 이 확률을 5회 연속 1이 나왔다는 경험적 데이터를 바탕으로 업데이트하면 부정 주사위일 확률은 50%로 치솟는다. 정리하면 다음과 같다.

사전확률 : 부정 주사위일 확률은 3%

(100개 중 3개가 부정 주사위)

⬇

'주사위를 던졌더니 5회 연속 1이 나왔다'는 경험적 데이터

⬇

사후확률 : 부정 주사위일 확률은 50%

주사위를 한 번 더 던져서 6회 연속 1이 나오면 이 주사위가 부정 주사위일 확률은 66%까지 올라간다. 7회 연속 나오면 확률은 80%까지 올라간다. 이를 그래프로 나타내면 **그림 5-14**와 같다(부정 주사위로 1이 나올 확률은 1/3이므로 1 이외의 눈도 나올 가능성이 있지만 여기서는 상황을 간단하게 만들기 위해 계속 1만 나온다고 가정한다). 주사위를 던져서 1이 나왔다는 경험적 데이터가 쌓일 때마다 추정 확률이 바뀐다. 마치 인간처럼 경험으로부터 학습하는 것이다.

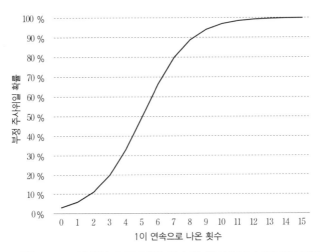

그림 5-14 1이 연속으로 나온 횟수와 주사위가 부정 주사위일 확률의 관계

자율주행차의 AI는 베이즈 추정으로 학습한다

베이즈 추정의 응용 사례를 하나 소개한다. 자율주행차는 인간 대신 AI가 운전하는 자동차다. 이 자율주행차에 탑재된 AI도 베이즈 추정을 응용한다. 자율주행은 차간거리나 보행자의 움직임 등 끊임없이 들어오는 새로운 데이터를 학습해야 하므로 베이즈 통계학과 상성이 맞는 분야다.

차선을 침범하지 않고 차간거리를 유지하면서 달리려면 차체의 현 위치를 정확히 파악해야 한다. 자율주행차에는 비디오카메라와 레이저 레이더(레이저로 방해물을 감지하는 기기)

등의 센서가 탑재되어 있어서, 이런 센서를 통해 수집한 정보를 바탕으로 AI가 차체의 현 위치를 파악한다. GPS(범 지구 위치 결정 시스템)도 연동되어 있지만, 주인공은 어디까지나 센서로부터 오는 정보이고 GPS는 조연에 불과하다. 왜냐하면 머나먼 상공의 GPS 위성과 통신하여 파악하는 위치 정보는 그만큼 오차도 크기 때문이다.

다만, 센서가 보내오는 데이터에는 잡신호도 포함되어 있어서 센서의 정보만으로는 정확한 위치를 파악하기 어렵다. 그래서 자율주행차의 AI는 현 위치에 대해 '지금은 이 근방에 있을 것'이라고 추론하여 그것을 센서의 데이터와 대조하는 방법으로 정확도를 높인다.

AI의 추론 과정을 **그림 5-15**에 나타냈다. 센서의 데이터에는 잡신호가 섞여 있어서 100% 확실하게 현 위치를 알아낼 수는 없다. 이를 반영하여 추정 위치는 확률의 형태로 표기했다. 그래프의 세로축은 추정된 현 위치를 나타낸다. 세로축은 차체가 실제로 그 위치에 있을 확률을 나타낸다. 산이 높을수록 차가 실제로 그 위치에 있을 가능성이 크다는 뜻이다.

이때 주행 중인 차량이 도로의 중앙선에 접근해서 AI가 진행 방향 오른쪽으로 30㎝ 이동하라는 명령을 내렸다고 하자. AI는 스스로 내린 명령을 바탕으로 이동 후의 위치를 추론한다. '지금 내린 명령에 따르면 현 위치는 이렇게 바뀌겠지'

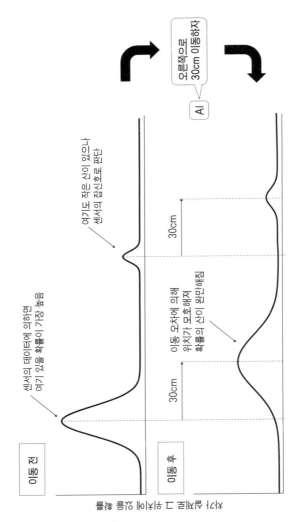

그림 5-15 AI의 현 위치 추론

AI: 오른쪽으로 30cm 이동하자

이동 전

센서의 데이터에 의하면
여기 있을 확률이 가장 높음

여기도 작은 산이 있으나
센서의 잡신호로 판단

이동 후

이동 오차에 의해서
위치가 모호해져
확률의 산이 완만해짐

30cm

30cm

차가 실제로 그 위치에 있지의 확률

하고 AI 스스로 예측하는 것이다. 다만 차체의 움직임에는 오차가 따르므로 정확히 30㎝만 이동하리라는 보장은 없다. 실제로 이동한 거리는 29㎝나 31㎝일 수도 있다. 이러한 이동 오차를 고려해서 확률의 산을 완만하게 설정한다.

다음으로 30㎝ 이동한 뒤 센서로부터 새로 전달받은 정보를 바탕으로 현 위치를 추정한다(**그림 5-16** 상단 그래프의 파선). 이때 새로운 데이터에 잡신호가 섞이면 그림과 같이 산이 2개 이상 나타날 수도 있다(파선의 오른쪽 작은 산이 잡신호로 인한 것).

마지막으로 센서의 데이터를 바탕으로 한 확률 그래프(**그림 5-16** 상단 그래프의 파선)와 AI가 자체적으로 예상한 확률 그래프(**그림 5-16** 상단 그래프의 실선)를 곱한다. 그러면 양쪽 모두 높았던 부분은 가파른 산이 되는 한편 한쪽만 높았던 부분은 산이 완만해져서 가장 확률이 높은 위치가 뚜렷하게 드러난다(**그림 5-16** 하단 그래프). 요컨대 AI의 의견과 센서의 의견이 일치하는 곳을 현 위치로 판단하는 것이다. 센서의 새로운 정보가 곱셈으로 반영되는 점에서 이것이 베이즈 추정이라는 것을 알 수 있다. 즉, 여기서는 AI의 예측이 '사전확률', 센서에서 들어온 데이터를 바탕으로 한 예측이 '새로운 데이터의 영향', 그것을 곱한 결과가 '사후확률'에 해당한다. 이처럼 자율주행차가 주위 상황에 맞춰 적절하게 대응할 수 있

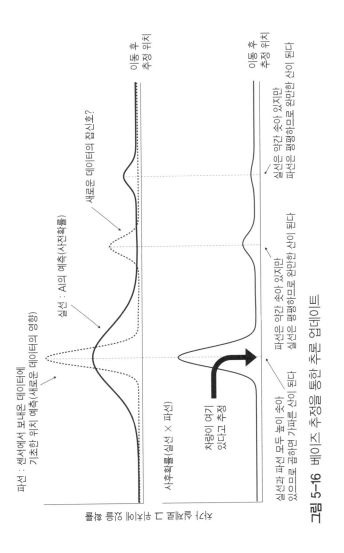

파선 : 센서에서 보내온 데이터에
기초한 위치 예측(새로운 데이터의 영향)

실선 : 사의 예측(사전확률)

새로운 데이터의 점신호?

이동 후
추정 위치

사후확률(실선 × 파선)

차량이 여기
있다고 추정

실선과 파선 모두 높이 솟이
있으므로 곱하면 기대한 산이 된다

파선은 약간 솟이 있지만
실선은 평평하므로 완만한 산이 된다

이동 후
추정 위치

실선은 약간 솟이 있지만
파선은 평평하므로 완만한 산이 된다

차량 위치에 대한 그 신념의 확률 분포

그림 5-16 베이즈 추정을 통한 추론 업데이트

는 것은 학습을 통해 정확도를 높이는 베이즈 추정에 기반하기 때문이다.

베이즈 추정의 응용 사례는 그밖에도 셀 수 없이 많다. 저자도 주식 투자 전략 연구에 베이즈 추정을 활용한 경험이 있다. 주가의 변동을 미분방정식(제4장 참조)으로 나타내면 그 방정식에 등장하는 주가 수익률이나 변동률 같은 매개변수의 값을 추정해야 한다. 이때 실제 시장에서의 주가 변동을 베이즈 추정으로 학습하여 매개변수 추정의 정확도를 높인 것이다. 데이터를 학습하여 정확도를 높인다는 발상은 모든 분야에서 활용 가능하므로 베이즈 추정의 응용 범위는 앞으로 더더욱 넓어질 것이다.

5-4 통계학에서는 데이터가 생명

음식 맛은 재료에 달렸다

지금까지 통계학의 큰 틀을 알아보았다. 마지막으로 통계학에서 가장 중요한 것을 소개하려고 한다. 바로 분석을 시작하기 전에 데이터를 제대로 확인하는 것이다.

제1장에서 나온 임상 시험에서는 환자 100명을 50명씩 두 집단으로 나눠 한쪽에는 신약을, 다른 한쪽에는 위약을 처방했다. 위약은 신약과 똑같이 생겼지만 유효 성분이 들어 있지

않은 약이다. 그리고 환자가 회복하는 데 며칠이 걸리는지 기록해서 그 데이터로부터 신약의 효과를 판단한다는 내용이었다. 굳이 위약을 준비하는 이유는 제1장에서 설명했듯이 약이라고 착각해서 증상이 개선되는 '플라세보 효과'가 나타날 수도 있기 때문이다. 임상 시험에서는 신약 같은 새로운 치료를 받는 집단을 '치료군', 비교 대상으로서 위약을 처방받는 집단을 '대조군'이라고 한다.

치료군과 대조군은 유효 성분의 투여 여부 이외에는 모든 조건이 같아야 한다. 그렇지 않으면 유효 성분 이외의 요소가 데이터에 영향을 미치기 때문이다. 이처럼 대조군을 설정할 때는 조사하려는 것을 제외한 조건을 최대한 일치시킬 필요가 있다. 데이터 수집 단계에서부터 목적에 맞춰 세심하게 주의를 기울이는 것이 통계학의 철칙이다.

앞에서 기술 통계학을 설명하기 위해 키 데이터를 예로 들었는데, 이는 개인차에 따른 키 분포를 보여 주기 위해서였다. 이때 사용한 데이터는 고등학생의 신체검사 기록 중 17세 남학생의 데이터다. 이 데이터를 고른 이유는 2가지다. 첫째는 '신뢰성'으로, 고등학생의 신체검사 결과를 교육부에서 집계한 데이터라는 점에서 믿을 만하기 때문이다. 성인 남성도 회사 정기 검진을 통해 키를 기록하므로 데이터는 손에 넣을 수 있지만, 1년 전에 잰 수치를 그대로 적거나 본인이 임의로 적는 경우가 많아서 정확한 수치인지 확인할 수 없다. 결혼정보회사의 등록 정보에서 키 데이터를 수집하는 방법도 있으나 키를 속이는 사람도 있어서 주의가 필요하다.

두 번째 이유는 '타당성'으로, 만 17세는 학교에서 신체검사 결과를 입수할 수 있는 마지막 나이이기 때문이다. 초등학교부터 고등학교까지는 성장기라서 월령에 따른 차이도 무시할 수 없다. 예를 들어 만 7세의 키 데이터에는 생일이 갓 지난 아이와 11개월 지난 아이의 키 데이터가 섞여 있다. 한창 키가 클 나이라서 월령의 영향을 받기 때문에 이들의 키 차이는 단순히 개인차라고 보기 어렵다. 하지만 만 17세 정도 되면 대체로 성장이 더뎌지기 때문에 이들의 키 차이는 개인차라고 봐도 무방하다.

이처럼 데이터의 출처가 신뢰성이 높은지, 목적에 비추어 적절한 데이터인지 사전에 확인할 필요가 있다.

의심스러운 수치는 미리 확인하라

데이터에 잘못된 수치가 섞여 있지 않은지 미리 확인하는 것도 중요하다. 예를 들어 키 데이터에 '1,700㎝'나 '1.70㎝' 같은 수치가 섞여 있다고 하자. 이들은 키 데이터라고 하기에는 명백하게 크거나 작은 값이다. 아마 키를 재거나 입력하는 사람이 전자는 밀리미터로, 후자는 미터로 표기한다고 착각했을 가능성이 크다. 이처럼 다른 데이터와 비교해서 극단적으로 크거나 작은 값은 앞에서 말했듯이 극단값이라고 부른다. 극단값이 있으면 측정 또는 입력 실수가 아닌지 확인해야 한다. 만일 누군가의 실수라면 그 수치를 **이상값**으로 간주하여 데이터에서 제외한다.

다만 극단값이 반드시 이상값인 것은 아니다. 2008년에는 금융 위기(리먼 쇼크), 2020년에는 코로나 사태의 여파로 주가가 말도 안 되게 폭락한 적이 있다. 주가 데이터에서 이 시기의 등락률은 극단값으로 볼 수 있지만, 이는 측정이나 입력 실수가 아니라 실제로 일어난 일이다. 즉, 이상값이 아니므로 제외해서는 안 된다.

빅데이터 시대를 살아가려면

이상으로 통계학 전반에 관한 설명을 마치려고 한다. 다시 한번 말하지만 통계학은 데이터를 전체적으로 내려다보고 특징을 파악하여 지식을 얻는 학문이다. 데이터가 넘쳐나는 현대 사회에서 크게 주목받는 이유가 여기에 있다. 통계학에는 수학과는 다소 어울리지 않는 '추측'이나 '학습' 같은 단어가 등장해서 난해하게 느껴질지도 모른다. 하지만 이 모든 것은 세상의 요구에 응하여 고안된 것이다. 데이터를 다루다 보면 데이터양이 많아서 전체를 파악하기 어렵거나(기술 통계학),

전체의 극히 일부만 알 수 있다거나(추측 통계학), 새로운 데이터가 끊임없이 들어오는(베이즈 통계학) 현실적인 문제에 부딪히는데, 이때 해결책을 제시하는 것이 통계학이다. 데이터 활용 능력이 비즈니스의 성패를 좌우하는 현대 사회에서 통계학의 중요성은 점점 더 커지리라고 본다.

마치며

이 맺음말을 읽고 있는 당신은 이 책을 손에 넣기 전의 당신과는 완전히 다른 사람이 되었을 것이다. 머릿속에 수학적 사고가 설치되어 세상의 변화나 업무상의 수많은 과제를 지금까지와는 다른 관점에서 볼 수 있게 되었다. 원래부터 갖추고 있던 문과적 사고에 추가로 이과적 사고까지 설치했으니 생각의 폭이 한층 넓어졌을 것이다.

이 책을 읽으면서 때때로 익숙지 않은 사고방식이나 생소한 용어가 등장해서 고생했을지도 모른다. 하지만 이런 게 바로 학문의 묘미가 아닐까? 근육에 자극을 가해서 단련하듯이 수학적 사고도 두뇌에 적당한 자극을 가해야 단련된다. 뇌에 땀을 흘리며 이 책을 읽은 노력이 피가 되고 살이 되었음을 반드시 실감하게 될 것이다.

만일 당신 주위에 수학을 어려워하는 사람이 있다면 꼭 이 책을 권해 주길 바란다. 혹은 교양으로서 수학에 관심 있는 사람이라도 좋다.

책의 특징을 물을 수도 있으니 내가 생각하는 특징을 정리해 두자면, 문과적 사고(비즈니스적 사고)와 대비시켜 설명하는 점이 가장 큰 차별점이다. 여기에 추가로 다음 3가지에 유의하며 집필했다.

1. 중요한 전문용어를 알기 쉽게 해설한다.
2. 세세한 계산보다는 접근 방식의 이해를 우선한다.
3. '왜 수학을 배우는가'라는 물음에 답을 제시한다.

책을 집필하는 동안 이 3가지를 지침으로 삼았다. 머리말에서도 일부 설명했는데, 여기서 다시 한번 자세히 설명하려고 한다.

1. 중요한 전문용어를 알기 쉽게 해설한다

이 책은 수학을 어려워하는 사람들을 대상으로 쓰였다. 그래서 사고 과정을 생략하지 않고 빠짐없이 해설하는 데 중점을 두었다.

또 수학을 어렵게 만드는 최대 요인인 전문용어가 등장할 때마다 최대한 자세히 설명하고자 했다. 꼭 수학이 아니더라도 모르는 전문용어가 튀어나와서 이야기의 흐름을 놓친 경험은 누구나 있을 것이다. 그래서 이 책에서는 각 분야를 이해하는 데 핵심적인 전문용어를 자세히 해설하고 있다. 전문용어의 어원을 거슬러 올라가 설명하는 등 이해도를 높이기 위해 고심했다.

가능한 한 전문용어를 덜 쓰고 일상적인 말로 설명하는 방법도 있지만, 일부러 그렇게 하지 않았다. 수학의 큰 틀을 파악하려면 기본적인 용어에 대한 이해가 필수이기 때문이다.

수학 용어를 알아 두면 일상에서 관련된 화제가 나왔을 때 잘 대처할 수 있다는 이점도 있다. 이 책에 나오는 용어는 광활한 수학의 세계에서 입구에 자리한, 아주 기본적인 용어에 불과하다.

하지만 그 정도만 알아도 수학적 배경지식을 갖춘 사람들과 자연스럽게 대화를 나눌 수 있다. 게다가 최근에는 빅데이터, AI, 자율주행, 바이러스 확산 시뮬레이션 등 고도의 수학적 지식을 요구하는 이슈가 점점 더 늘어나고 있다. 이러한 시대의 흐름을 더 깊이 이해하는 데 수학 용어가 큰 도움이 되리라고 확신한다.

2. 세세한 계산보다는 접근 방식의 이해를 우선한다

이 책의 목표는 구체적인 계산 방법을 익히는 것이 아니다. 수학의 큰 틀을 파악하고 수학적 사고방식을 몸에 익히는 것이 목표다. 머리말에서도 적었지만 현대 사회가 요구하는 것은 세세한 계산을 직접 수행하는 능력이 아니라 수학의 큰 틀과 기본적인 접근법에 관한 이해다.

실제로 업무와 관련해서 미분방정식을 풀거나 복잡한 수식을 직접 만드는 것은 극히 일부 직종뿐이다. 수학을 좀 안다는 사람들도 중고등학교 때 배운 공식과 구체적인 계산 절차는 대부분 가물가물할 것이다.

그래도 학창 시절에 습득한 수학적 사고는 사회인이 되어서도 도움이 되기 때문에 이과 인재로서 기업이나 관공서에서 활약하는 사람도 많다. 이과 출신이 중학교, 고등학교, 대학교에서 10년에 걸쳐 몸에 익히는 수학적 사고를 핵심만 추려 정리한 것이 이 책이다.

3. '왜 수학을 배우는가'라는 물음에 답을 제시한다

이 책을 집필하면서 특별히 애쓴 부분이 있다면, 왜 수학이 필요한지, 왜 그렇게 접근해야 하는지, 자신에게 또는 사회에 어떤 도움이 되는지 알기 쉽게 설명하여 '학습 동기를 유발하는 것'이었다. 왜냐하면 현대 수학 교육에서 가장 부족한 것이 바로 동기부여이기 때문이다. 중고등학교 교과서에 나오는 수학은 인간의 욕구와는 동떨어진 고상한 학문처럼 꾸며져 있다. 하지만 이 책에서 수없이 봐 왔듯이 수학이 발전해 온 배경에는 사회의 여러 문제를 어떻게든 해결하고자 하는 인간의 욕구가 있었다. '필요는 발명의 어머니'라는 말도 있듯이 수학의 각 분야는 그것을 필요로 하는 사람이 있었기에 탄생했다.

수학에 대한 동기부여가 제대로 안 된 상태에서 갑자기 전문용어나 계산 방법을 가르치면 어렵고 재미없다는 반응이 나올 수밖에 없다. 원래 수학을 좋아하는 학생은 알아서 공부하겠지만, 그렇지 않은 학생은 시험 때문에 억지로 공부하고 사회에 나가서도 수학이라면 진저리를 친다. 그래서 이 책에서는 수학을 배우는 의의를 몸소 느낄 수 있도록 각 분야의 유용성이나 사회적 필요성, 실제 응용 사례 등을 소개하고 있다.

이 3가지에 유의하면서 5장까지 전력투구로 써 내려갔다. 이 책의 내용이 조금이라도 도움이 된다면 저자로서 더없이 기쁠 것이다.

이 책은 많은 사람의 도움으로 탄생했다. 처음 기획의 골자를 짜 준 고단샤의 아오키 하지메 씨, 원고를 꼼꼼하게 읽고 귀중한 조언을 아끼지 않은 고단샤의 강창수 씨, 고단샤와의 소통을 도와주고 원고에 관해서도 조언해 준 애플시드 에이전시의 도야마 레이 씨, 감각 넘치는 멋진 표지를 만들어 준 나카지마 히데키 씨까지 모두 감사드린다. 나에게 원고 집필할 시간을 마련해 주고 잠을 줄여 일하는 건 좋지 않다며 건강을 염려해 준 아내에게도 고맙다. 그리고 무엇보다도 이 책을 선택해 준 독자 여러분께 마음 깊이 감사의 말을 전하고 싶다. 읽어 주서서 정말 고맙습니다.

초여름, 도쿄 어딘가에서

도미시마 유스케

역자 소개 | 유나현

성균관대학교 경영학과를 졸업하고 현재 전문 번역가 및 외서 기획자로 활동 중이다. 옮긴 책으로는 《판다와 개》, 《부의 열차에 올라타는 법》, 《일의 기본, 경영의 기본》, 《세상 쉬운 그래머》, 《무전 경제 선언》, 《쓴다 쓴다 쓰는 대로 된다》, 《관계의 품격》 등이 있다.

읽기만 해도 이과적 사고가 머리에 심어지는

수학 독습법

1판 1쇄 발행 2023년 3월 14일

지은이   도미시마 유스케
옮긴이   유나현
발행인   최봉규

발행처   지상사(청홍)
등록번호   제2017-000075호
등록일자   2002. 8. 23.
주소   서울 용산구 효창원로64길 6 일진빌딩 2층
우편번호   04317
전화번호   02)3453-6111 **팩시밀리**   02)3452-1440
홈페이지   www.jisangsa.co.kr
이메일   c0583@naver.com

*잘못 만들어진 책은 구입처에서 교환해 드리며, 책값은 뒤표지에 있습니다.